Nihed Ben Halima

Valorisation des enzymes et de l'huile d'avoine (Avena sativa L.)

Nihed Ben Halima

Valorisation des enzymes et de l'huile d'avoine (Avena sativa L.)

pour l'obtention des biomolécules à usage alimentaire et nutraceutique

Presses Académiques Francophones

Imprint
Any brand names and product names mentioned in this book are subject to trademark, brand or patent protection and are trademarks or registered trademarks of their respective holders. The use of brand names, product names, common names, trade names, product descriptions etc. even without a particular marking in this work is in no way to be construed to mean that such names may be regarded as unrestricted in respect of trademark and brand protection legislation and could thus be used by anyone.

Cover image: www.ingimage.com

Publisher:
Presses Académiques Francophones
is a trademark of
International Book Market Service Ltd., member of OmniScriptum Publishing Group
17 Meldrum Street, Beau Bassin 71504, Mauritius

Printed at: see last page
ISBN: 978-3-8416-3692-8

Zugl. / Agréé par: Sfax, Université de Sfax, ENIS, 2015

Copyright © Nihed Ben Halima
Copyright © 2015 International Book Market Service Ltd., member of OmniScriptum Publishing Group
All rights reserved. Beau Bassin 2015

Dédicace

A mes très chers parents

A ma famille

A tous ceux qui me sont chers…

نهاد

Remerciements

*Tout d'abord un grand merci à mon encadrant qui a permis à cette thèse de se dérouler au mieux. Monsieur **Slim ABDELKAFI**: mon frère... Tout a commencé en 2010/2011 en PFE d'ingénierie en génie biologique... puis en 2011/2012 en mastère en génie biologique... Je ne sais pas combien de rapports, de powerpoints, de discussion, etc., nous avons revu ensemble; et à chaque fois le travail en était avancé. Je n'oublierais pas tous les précieux conseils que vous m'avez apportés. Je suis très fière de votre travail parce que vous m'avez incité toutes les fois à donner le meilleur, mais aussi la confiance quand j'en avais besoin pour accomplir au mieux le travail...*

Cette thèse a été réalisée au sein de l'Ecole Nationale d'Ingénieurs de Sfax (ENIS) en collaboration avec plusieurs organismes et en particulier, la Faculté des Sciences de Sfax (FSS) pour les études de la physiologie et le Centre de Biophysique Moléculaire (CBM) d'Orléans (France) pour surtout l'étude protéomique. Sans oublier les autres structures tels que le Centre de Biotechnologie de Sfax (CBS) ou bien l'Institut d'Ecologie et des Sciences de l'Environnement de Paris (IEES Paris) dans lesquelles j'ai pu réussir à réaliser plusieurs manipulations.

*Je tiens à remercier infiniment Monsieur **Slim ABDELKAFI**, Maître de Conférences et Directeur de département de génie biologique de l'ENIS, d'avoir accepté la charge de m'encadrer ; mais aussi pour sa disponibilité, pour son appui, pour ses brillantes idées et surtout pour sa gentillesse et ses encouragements sans cesse. Je lui en suis entièrement reconnaissante pour tous les bons moments qu'on a vécus ensemble et pour tous les conseils qu'il a pus me fournir le long de mon parcours scientifique (Ingénierie, Mastère et Doctorat). Aucun remerciement ne saurait exprimer mon profond respect et ma grande gratitude. Que tous les futurs doctorants aient un encadrant de cette qualité.*

*Je tiens aussi à exprimer ma profonde gratitude à Madame **Imen FENDRI**, Maître de Conférences à la FSS, pour ses conseils qui m'ont été très utiles et pour son aide continue.*

*Je tiens également à remercier infiniment Monsieur **Bassem KHEMAKHEM**, Maître Assistant à l'ISBAM pour sa collaboration.*

*Mes remerciements s'adressent à Monsieur **Tahar MECHICHI**, Professeur à l'ENIS et Directeur de l'Ecole Doctorale Sciences et Technologie de l'ENIS, pour l'honneur qu'il m'a fait de présider ce jury.*

*Mes remerciements s'adressent également à Monsieur **Hamadi ATTIA**, Professeur à l'ENIS, d'avoir accepté d'examiner ce travail avec diligence.*

*Je voudrais remercier infiniment Monsieur **Mamdouh BEN ALI**, Maître de Conférences au CBS, pour l'intérêt qu'il a bien voulu porter à ce travail en acceptant de le juger.*

*Je voudrais également remercier infiniment Monsieur **Mondher MEJRI**, Maître de Conférences à l'Institut Supérieur de Biotechnolgie de Béjà, d'avoir accepté de juger ce travail.*

*Je tiens à exprimer ma reconnaissance à Madame **Chantal PICHON**, Professeur à l'Université d'Orléans en France, pour l'honneur qu'elle m'a fait de participer à ce jury de*

Remerciements

thèse. Je la remercie aussi de m'avoir acceptée en stage au sein de son laboratoire au CBM-CNRS.

Je tiens particulièrement à remercier Monsieur **Néji GHARASALLAH**, Professeur à la FSS, pour sa sympathie et sa disponibilité de lire et corriger tout le manuscrit.

Je remercie vivement Monsieur **Eric RUELLAND**, Chargé de Recherche au Centre National de la Recherche Scientifique (CNRS) à Paris, de m'avoir acceuillie dans son laboratoire lors de mon stage de 2 mois à Paris. J'ai beaucoup apprécié ses qualités humaines et scientifiques. Qu'il trouve ici l'expression de ma profonde gratitude.

Je remercie vivement Monsieur **Mohamed Ali AYADI**, Maître de Conférences à l'Institut Supérieur de Biotechnolgie de Sfax, pour sa collaboration dans l'étude de la texturométrie.

Je remercie également les membres du comité de suivi de cette thèse : Monsieur **Tahar MECHICHI** et Monsieur **Mohamed Ali AYADI**, qui ont suivi l'évolution de ces travaux. Qu'ils trouvent ici l'expression de ma profonde reconnaissance.

Je remercie Monsieur **Guillaume GABANT**, Ingénieur au CBM, pour sa collaboration dans l'étude de la spectrométrie de masse réalisée dans ce travail et pour sa sympathie.

Je remercie également Madame **Ahlem BEN SLIMA**, Docteur en sciences biologiques, pour sa collaboration dans l'étude in vivo menée dans cette thèse.

J'exprime mes profonds remerciements à toutes les personnes du département de Génie Biologique de l'ENIS : Mademoiselles **Nadia** et **Raja**, Messieurs **Khaled**, **Samir**, **Salem** et **Abdelrahmen** et Madames **Naama**, **Sadika**, **Ibtissem**, **Zaineb**... pour leur soutien et leur gentillesse.

Mes remerciements s'dressent également à tous mes collègues doctorants et en particulier : **Mouna**, **Ramzi**, **Ghada**, **Faten** et **Marwa**.

Je remercie également les étudiants que j'ai participés à leur encadrement : **Maha** (Mastère de recherche), **Imen** (PFE d'ingénierie), **Rim** (Mastère professionnel), **Ines** (Mastère professionnel), **Hamdi et Ghassen** (PFE d'ingénierie).

J'exprime également mes profonds remerciements à mes amis du CBM et particulièrement : **Patrick**, **Aurore**, **Chloé**, **Safia** et **David** pour leur gentillesse.

Mes profonds remerciements s'adressent également à toutes les personnes de l'IEES de Paris et particulièrement : **Alain**, **Igor**, **Erwan**, **Matthieu**, **Ruben**, **Marieh**, **Constance**, **Christophe**, **Ahmed** et **Louis** pour leur gentillesse.

Mes chaleureux remerciements s'adressent tout particulièrement aux membres du Laboratoire de Valorisation et de Sécurité des Aliments dirigé par le Professeur **Hamadi ATTIA**, pour m'avoir aidée à réaliser les analyses et pour leur fort soutien durant toute la période de mon travail et en particulier : **si Salem**, **Imen**, **Wissal**, **Abir**, **Ines** et **Maha**.

Remerciements

Je voudrais également remercier infiniment l'Agence Universitaire de la Francophonie (AUF) pour avoir accepté ma candidature au collège doctoral inter-régional biotechnologies végétales et agroalimentaires et pour l'occasion qui m'a été donnée pour participer aux regroupements (Tunisie, Cameroun, Côte d'Ivoire...). Que tous les membres de l'AUF témoignent l'expression de mon profond respect et ma grande gratitude. Je leur en suis très reconnaissante.

Enfin, je ne veux pas oublier de remercier tous mes amis et mes enseignants qui ont contribué à ce travail ainsi qu'au Ministère de l'Enseignement Supérieur et de la Recherche Scientifique pour son soutien financier au cours de la formation doctorale.

Sommaire

Introduction générale **10**
Etude bibliographique **14**
I. Intérêt de la biotechnologie..15
II. Enzymes et biocatalyse...18
III. Les amylases...19
III.1. Classification des enzymes amylolytiques 19
III.2. Les *β*-amylases 20
III.2.1. Mécanisme d'action catalytique 21
III.2.2. Caractéristiques physico-chimiques 21
III.2.3. Structure des *β*-amylases 22
III.2.4. Application industrielle 24
    III.2.4.1. Saccharification 24
    III.2.4.2. Pains et industries boulangères 24
    III.2.4.3. Détergence 25
    III.2.4.4. Bioénergie 26
    III.2.4.5. Nutraceutique 26
IV. Les Plantes oléagineuses..26
IV.1. Les céréales 29
IV.2. Développement des graines oléagineuses 29
IV.3. Importance des antioxydants 30
IV.4. Intérêt des graminées et d'*A. sativa* 33
V. L'avoine: *Avena sativa*..34
V.1. Etude taxonomique d'*Avena sativa* 34
V.2. Etude botanique d'*Avena sativa* 35
V.2.1. Les feuilles 36
V.2.2. Les fleurs 36
V.2.3. Les graines 37
V.3. Les principales enzymes de l'avoine 38
V.3.1. Les chitinases 38
V.3.2. Les amylases 38
Matériel & Méthodes **40**
I. Matériel..41
I.1. Matériel végétal 41
I.2. Produits chimiques 41
I.3. Tampons, solutions et réactifs 41
I.3.1. Tampons... 41
I.3.2. Solutions et réactifs 42
II. Méthodes...43
II.1. Dosage des activités amylases 43
II.2. Dosage des protéines solubles 44
II.3. Détermination des conditions expérimentales par un plan d'expériences... 44
II.3.1. Conditions d'extraction des amylases 44
II.3.2. Extraction des enzymes amylolytiques... 46

II.4. Caractérisation physico-chimique de l'activité amylolytique 46
II.4.1. Effet du pH 46
II.4.2. Effet de la température 46
    II.4.2.1. Etude de la thermoactivité 46
    II. 4.2.2. Etude de la thermostabilité 47
II.5. Electrophorèse sur gel de polyacrylamide et zymogramme 47
II.6. Analyse du pain 47
II.7. Analyse de la texture 47
II.8. Spectrométrie de masse en tandem (LC-MS/MS) 48
II.9. Traitement bioinformatique des données et Modélisation moléculaire 48
II.10. Caractérisation de la farine des graines d'avoine 49
II.10.1. Teneur en matière sèche 49
II.10.2. Teneur en cendre 49
II.10.3. Teneur en minéraux 49
II.10.4. Teneur en protéines 49
II.10.5. Teneur en fibres 49
II.10.6. Teneur en matière grasse 50
II.10.7. Caractérisation de l'huile d'avoine 50
    II.10.7.1. Extraction de l'huile 50
    II.10.7.2. Chromatographie sur couche mince 50
    II.10.7.3. Analyse des acides gras par chromatographique en phase gazeuse (CPG) 51
    II.10.7.4. Dosage des tocophérols par HPLC 51
II.10.8. Etude de l'effet de l'huile d'avoine sur la fertilité masculine 51
    II.10.8.1. Modèle animal 51
    II.10.8.2. Protocole expérimental 52
    II.10.8.3. Etude in vivo 52
    II.10.8.4. Sacrifice des souris traitées 52
    II.10.8.5. Echantillonnage 52
    II.10.8.6. Critères étudiés 53
        II.10.8.6.1. Etude des paramètres spermatiques 53
        II.10.8.6.2. Etude histologique 53
II.10.9. Analyses statistiques 54
II.11. Cycle d'élevage des poulets de chair 55
II.11.1. Etapes de préparation 55
II.11.2. Mise en place des poussins 55
II.11.3. Alimentation des poulets de chair 55
II.12. Impact de l'avoine sur les poulets de chair 56
II.12.1. Impact de l'avoine sur les paramètres zootechniques 56
    II.12.1.1. Mortalité 56
    II.12.1.2. Consommation alimentaire 56
    II.12.1.3. Croissance 56
    II.12.1.4. Paramètres à calculer 56
II.12.2. Analyse de la fiente de volailles 57
II.12.3. Impact de l'avoine sur les paramètres de la carcasse 57

Résultats & Discussion **58**
Chapitre 1 : Valorisation biotechnologique des extraits enzymatiques de l'avoine (*Avena sativa* L.)...59
Partie I : Optimisation des conditions d'extraction d'enzymes amylolytiques de l'avoine et leur impact sur les propriétés du pain (Article 1)..61
Partie II: Identification d'une nouvelle *beta*-amylase de l'avoine par la protéomique fonctionnelle (Article 2)..65
Chapitre 2 : Effet préventif de l'huile d'avoine : étude *in vivo* de l'infertilité masculine causée par la déltamethrine (Article 3)...68
Chapitre 3 : Effets de l'ajout de l'avoine dans l'alimentation des poulets de chair sur les performances zootechniques et la qualité de la viande (Article 4)..................73
Synthèse générale **77**
Conclusion & Perspectives **83**
Références bibliographiques **87**
Annexe **108**

Liste des tableaux

Matériel & Méthodes

Tableau 1: Matrice d'expériences du plan Box-Behnken à quatre facteurs………….. 45

Liste des figures

Etude bibliographique

Figure 1: Domaines d'intérêt et importance de la biotechnologie............................	16
Figure 2: Mécanisme d'inversion de la configuration anomérique........................	21
Figure 3: Structure 3D de la β-amylase d'orge (Sd2L)...	22
Figure 4: Exemples de topologie du site actif des glycosides hydrolases.................	23
Figure 5: Transformation enzymatique de l'amidon en sirop de maltose.................	24
Figure 6: Voies d'élimination des espèces réactives de l'oxygène (ROS) par action enzymatique...	32
Figure 7: Coupe transversale de graines d'avoine..	34
Figure 8: Photographie d'un champ d'avoine...	36
Figure 9: Photographie de feuilles et tiges d'avoine...	36
Figure 10: Photographie de fleurs d'avoine..	37
Figure 11: Photographie de graines d'avoine..	37

Matériel & Méthodes

Figure 12: Schéma du protocole d'extraction des amylases de l'avoine..................	46

Liste des abréviations

ANOVA	: Analyse de la variance
APX	: Ascorbate peroxydase
AsBAMY	: *Avena sativa beta*-amylase
BCA	: Acide bicinchoninique
CAT	: Catalase
DAG	: Diacylglycérol
DEL	: Déltaméthrine
DGDG	: di-galactosyl diacylglyceride
DNA	: Acide désoxyribonucléique
EST	: Etiquette de séquence exprimée
FA	: Acide gras
GC	: Chromatographie gazeuse
GPx	: Glutathione peroxydase
GSH	: Glutathione
HPLC	: Chromatographie liquide de haute performance
HPTLC	: Chromatographie sur couche mince de haute performance
LP	: Peroxydation lipidique
MDA	: Malondialdehyde
MGDG	: Mono-galactosyl diacylglycerie
MAG	: Monoacylglycérol
MS	: Spectrométrie de masse
OO	: Huile d'avoine
ORF	: Cadre de lecture ouvert
PA	: Acide phosphatidique
PC	: Phosphatidylcholine
PE	: Phosphatidylethanolamine
PG	: Phosphatidylglycerol
PI	: Phosphatidylinositol
PS	: Phosphatidylsérine
ROS	: Espèces réactives de l'oxygène
RSM	: Méthodologie des surfaces de réponses
SDS-PAGE	: Electrophorèse sur gel de polyacrylamide en présence de dodécyl-sulfate de sodium
SOD	: Superoxyde dismutase
TAG	: Triacylglycerol
TLC	: Chromatographie sur couche mince

Introduction générale

Introduction générale

Les plantes sont traditionnellement utilisées pour satisfaire les besoins vitaux. Elles sont des sources naturelles d'un grand nombre de composés entrant dans l'alimentation, le cosmétique, la médecine, l'environnement et plusieurs autres domaines qui touchent les êtres vivants. Le métabolisme des plantes est en faveur de produire des milliers de composants de structures différentes (Thomasset et Chopplet, 1997). Ces derniers peuvent êtres des vitamines, des polyphénols, des stérols, des pigments, des glycérides et des enzymes. D'après Wink (1988), les plantes qui sont riches en ces composés sont dites « plantes d'intérêt économique et à valeur stratégique ».

L'avoine (*Avena sativa* L.) est une plante herbacée, de la famille des *Poacées*. Ses graines constituent une source majeure d'enzymes et de réserves d'amidon, de lipides et de protéines. De point de vue composition, l'avoine ressemble aux céréales couramment utilisées en alimentation humaine tels que le blé, l'orge et le seigle.

Depuis des décennies, l'avoine est utilisée en Tunisie pour des besoins nutritionnels. Elle est l'aliment pour bétails le plus fréquenté (Hammami *et al.*, 2008); en plus, elle a tendance à être de plus en plus utilisée comme céréale de petit déjeuner, dans la formulation des crèmes thérapeutiques, ou de sorte de médicaments pour les patients qui souffrent des maladies chroniques tels que l'hyperglycémie, l'obésité et le diabète (Chang *et al.*, 2013; Al-Malki, 2013; Dong *et al.*, 2011).

L'avoine est une plante importante dans les cultures agricoles de divers pays d'Europe et d'Amérique du Nord. En Tunisie, l'avoine est une graminée cultivée essentiellement dans le Nord et le Centre du pays. Elle peut être cultivée seule ou mélangée à la vesce; c'est une culture bien enracinée dans la tradition des petits agriculteurs. C'est le fourrage prédominant en Tunisie et il occupe environ 200 000 hectares (60 à 70 % des fourrages annuels). L'avoine est l'espèce la plus utilisée comme du foin sec et ensilage. De ce fait, l'avoine est exploitée principalement pour l'alimentation des animaux notamment les bétails, les volailles et les chevaux. Grâce à la présence du β-D-glucane dans la graine d'avoine (Butt *et al.*, 2008), les industries alimentaires produisent de nouveaux aliments en incorporant ces fibres dans les céréales de petit déjeuner, les boissons, le pain et les aliments enfantins (Flander *et al.*, 2007; Yao *et al.*, 2007). En outre, l'avoine est une source de nombreux antioxydants (Peterson, 2001). Ces substances sont capables de protéger l'organisme contre les radicaux libres qui engendrent les dommages et les inflammations cellulaires. De plus, des études épidémiologiques ont démontré que la consommation d'avoine serait reliée à un risque moindre de diabète et de certaines maladies cardiovasculaires (Butt *et al.*, 2008). Ces effets bénéfiques seraient reliés à la synergie entre les nombreux composés contenus dans l'avoine, tels que les fibres, les antioxydants, les vitamines et les minéraux. On considère aussi la graine d'avoine comme une bonne source potentielle d'huile.

Les huiles végétales sont des corps gras ayant des propriétés nourrissantes, protectrices, assouplissantes et régénérantes pour la peau, grâce à leur riche composition en divers acides gras insaturés et aux composés antioxydants tels que les tocophérols. En outre, les huiles végétales peuvent être extraites par les solvants organiques comme l'hexane ou extraites par pression à froid.

Les enzymes sont des catalyseurs biologiques qui agissent dans des conditions douces et compatibles avec la vie et l'environnement. Elles représentent une solution pour substituer les catalyseurs chimiques qui sont généralement très nocifs pour l'environnement. Les enzymes sont donc les outils-clés des biotechnologies et sont largement utilisées dans les procédés industriels car elles offrent de nombreuses possibilités d'applications dans différents secteurs industriels tel que celui de l'agroalimentaire. Les principaux types d'enzymes utilisées dans la production mondiale et industrielle sont les protéases, les lipases et les amylases. Les enzymes d'origine végétale sont de plus en plus recherchées pour les applications alimentaires. Elles pourraient être utilisées à l'état brut (crude extract) sans purification à homogénéité pour ces genres d'applications. Les autres enzymes d'origines microbiennes ou animales nécessitent en général des étapes de purification très poussées pour ces applications alimentaires à cause des contaminations microbiennes potentielles et des probabilités accrues pour des anomalies et des maladies des tissus animaux. Les enzymes végétales, dépourvues généralement de ces contraintes, représentent donc une alternative très prometteuse dans de telles applications.

Ainsi, ce travail s'inscrit dans le cadre de la valorisation biotechnologique de l'avoine (*Avena sativa* L.) en vue d'exploiter ses extraits enzymatiques et lipidiques dans des applications industrielles. Cette thèse se propose d'atteindre les objectifs suivants:

> ➤ Etudes *in vitro* et *in vivo* des effets bénéfiques des extraits d'avoine et en particulier les extraits enzymatiques et l'huile d'avoine;

> ➤ Applications biotechnologiques des extraits d'avoine dans le domaine de l'agro-alimentaire (panification et aliments pour volailles).

Dans la première partie bibliographique de cette thèse, les différents aspects de la biotechnologie et des enzymes amylolytiques sont présentés. Après une description des principales plantes oléagineuses, cette première partie s'attache, également, à présenter quelques données bibliographiques sur l'avoine et ses caractéristiques majeures. Après une deuxième partie qui décrit le matériel et les méthodes utilisés, une chronologie des résultats se présente en trois chapitres.

- Le premier chapitre porte sur l'optimisation des conditions d'extraction des amylases au cours de la germination de l'avoine par la méthodologie des surfaces de réponses. Pour cela, un plan d'expériences de type Box Behnken à quatre facteurs et à trois niveaux a été appliqué. Cette optimisation a été suivie d'une caractérisation physico-chimique de l'extrait amylolytique. Ce dernier a été appliqué dans la fabrication de pains avec des concentrations croissantes. Afin d'identifier le gène complet d'une amylase de l'extrait d'avoine, nous avons eu recours à une étude protéomique qui nous a permis d'identifier une nouvelle *beta*-amylase.

- Le deuxième chapitre des résultats décrit dans sa première partie la caractérisation de la fraction lipidique de l'avoine. Une étude *in vivo* de l'huile d'avoine montre son efficacité contre les dommages testiculaires des souris mâles causés par un pesticide couramment utilisé en agriculture.

- La dernière partie des résultats traite l'effet positif de l'incorporation des graines d'avoine dans la formulation des aliments des poulets de chair sur les plans nutritionnels et organoleptiques.

En dernière partie de cette thèse, un bilan des résultats issus des différentes études menées au cours de ce travail ainsi que les perspectives envisagées sont présentés.

Etude bibliographique

Etude bibliographique

Nous avons effectué l'étude bibliographique en tenant compte, d'une part, d'une vision verticale : les définitions de la biotechnologie et ses applications, des plantes (l'avoine) et ses composants (enzymes et huile) et, d'autre part, d'une vision horizontale basée sur l'importance du secteur industriel (agroalimentaire et pharmaceutique) qui pourrait s'engager aux domaines d'applications de la biotechnologie.

I. Intérêt de la biotechnologie

Depuis plus de 1000 ans, des procédés "vieux" de biotechnologies ont été utilisés par l'homme pour fabriquer du pain, du fromage, de la bière et du vin et aussi pour la culture des plantes et pour la sélection et l'élevage des animaux, etc. Ces procédés ont été servis depuis longtemps sans connaître ni comprendre la base scientifique (e.g. les principes de la génétique, de la fermentation, etc.). Qu'est-ce que alors la biotechnologie et quels sont leur domaines d'applications ??

On entend par la biotechnologie, toute application de la science et de l'ingénierie à l'utilisation des systèmes biologiques, des fonctions d'organismes vivants ou des dérivés de ceux-ci sous leur forme naturelle ou modifiée pour aboutir à des produits et/ou des procédés à usage spécifique (CBD, 1992) et qui peuvent toucher des applications dans l'agriculture, la médecine, l'industrie et la protection de l'environnement (CAR/PP, 2003).

Il existe un large éventail de "biotechnologies" regroupant les méthodes traditionnelles et celles modernes et susceptibles pour des applications différentes (Figure 1).

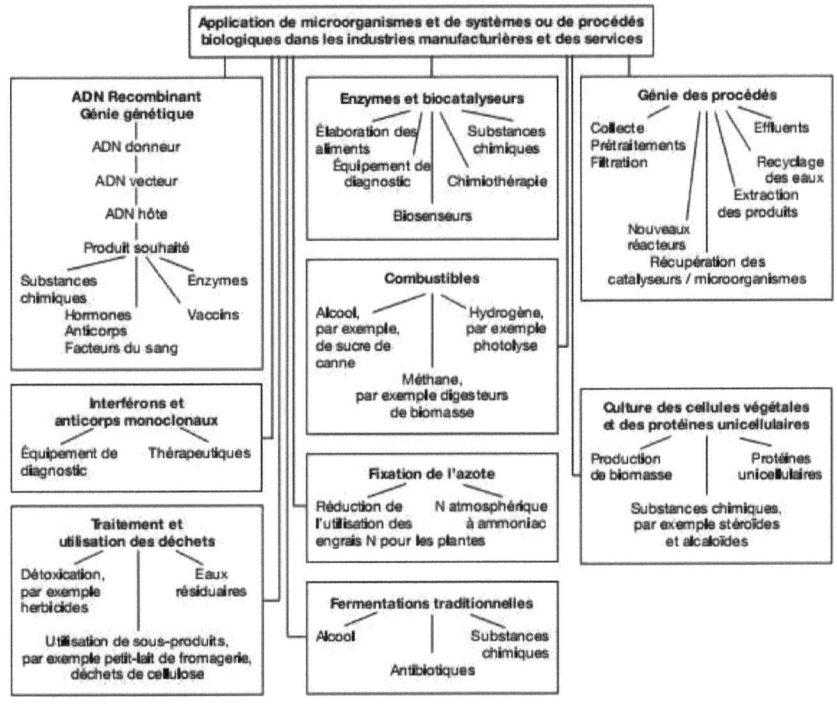

Figure 1: Domaines d'intérêt et importance de la biotechnologie (CAR/PP, 2003)

Au sens large, la biotechnologie pourrait englober différents domaines d'applications et plusieurs couleurs peuvent être associées à ces domaines dont cinq couleurs pour les biotechnologies sont décrites ci-dessous (De la Vega *et al.*, 2015):

1° La biotechnologie verte : est liée essentiellement à l'agriculture. Plusieurs disciplines pourraient être en faveur de ce type de biotechnologie comme le génie génétique pour transformer et modifier les gènes d'une espèce/ variété de plante à une autre dans le but de l'améliorer (qualité et rendement plus important des fruits, résistance aux insectes, aux herbicides, aux virus, aux champignons, etc.).

2° La biotechnologie jaune : est liée à l'alimentation et à la science de la nutrition. Elle est en faveur d'améliorer les aliments et de créer de nouveaux agents nutraceutiques.

3° La biotechnologie rouge : touche à la médecine. Elle concerne par exemple la production des antibiotiques et d'autres produits thérapeutiques à travers le développement des techniques de manipulations du génome et de diagnostique à l'aide de biocapteurs ou de puces à ADN, etc.

4° La biotechnologie bleue : se focalise sur l'emploi des organismes marins et l'utilisation des processus de cette biologie marine à des fins techniques.

5° La biotechnologie blanche : c'est la biotechnologie industrielle, se concentre sur la production et l'utilisation de la biomasse en tant que matière première renouvelable. Elle a ainsi pour objet les processus à l'échelle industrielle. De telle biotechnologie assure le développement durable à partir de ces ressources renouvelables pour produire les substances biochimiques, les biocarburants... Elle est basée principalement sur la fermentation et la biocatalyse. Cette dernière utilise tout particulièrement les enzymes pour accélérer les réactions biochimiques et qui agissent sous le respect de l'environnement : sélectivité, précision et conditions d'activité (pH, température, pression) plus modérées que les catalyseurs chimiques qui nécessitent le plus souvent des conditions plus agressives pour être actifs (Heux *et al.*, 2015).

Au bénéfice du secteur industriel, la biotechnologie doit contribuer à fabriquer un produit défini en recourant aux technologies innovatives (Villadsen, 2007) tout en satisfaisant les conditions suivantes (CAR/PP, 2003):
- Réduire les coûts;
- Augmenter la quantité et la qualité;
- Augmenter les bénéfices;
- Optimiser le suivi et le procédé;
- Améliorer la sécurité et l'hygiène;
- Respecter les législations.

Ainsi, la biotechnologie est un champ multidisciplinaire où coexistent la science (la biologie, la génétique, la botanique, l'enzymologie, etc.) et la technologie (le génie génétique, les biocatalyses, les fermentations, le génie des procédés, etc.), est considérée comme l'une des options les plus prometteuses susceptibles d'être introduites spécifiquement aussi bien dans les alternatives des industries agroalimentaires que celles pharmaceutiques; et evidemment, elle a subi un accroissement rapide au cours du 21ième siècle (Dawson *et al.*, 2006; Buyukgungor *et al.*, 2009; Usak *et al.*, 2009).

II. Enzymes et biocatalyse

Les enzymes représentent l'une des formes les plus anciennes de la biotechnologie. Elles sont utilisées depuis des siècles, en particulier dans le secteur alimentaire.

Les enzymes sont les biocatalyseurs qui agissent comme de minuscules machines pour accélérer les réactions biochimiques. Elles figurent comme une clé correspondante à une serrure où des substrats entrent en contact entre elles et réagissent d'une manière très spécifique. Les enzymes sont des protéines qu'on les retrouve dans tous les organismes vivants (plantes, bactéries, champignons...). Au cours de la biocatalyse, les enzymes s'adaptent à des conditions environnementales très douces (pH, température, pression) et agissent sur un ensemble spécifique de substrats sans être ni consommées, ni modifiées. Ainsi, elles sont d'une grande importance dans les processus industriels grâce à la haute activité, sélectivité et spécificité de réactions dans de telles conditions modérées (Gröger et Hummel, 2014; Reetz, 2013; Schrittwieser et Resch, 2013; Teixeira *et al.*, 2014; Wells et Meyer, 2014).

L'utilisation des enzymes dans la synthèse de plusieurs produits de haute valeur ajoutée est de plus en plus reconnue. *Via* une catalyse enzymatique, des exemples actuels de produits sont obtenus comme des antibiotiques (l'ampicilline et la pénicilline), des acides aminés, des molécules chirales pures, etc. Généralement, la biocatalyse implique la spécificité de la réaction avec une faible consommation de produits chimiques, une diminution des sous-produits, une réduction des déchets non biodégradables ainsi que la diminution du coût énergétique (Rao *et al.*, 2014). Egalement, la biocatalyse propose d'autres avantages très significatifs par rapport à la catalyse chimique. En effet, les enzymes agissent à des conditions plus douces : pH, températures et pressions plus modérés et entraînent aussi moins de sous-produits de réactions (Sayler *et al.*, 1997).

C'est pourquoi l'utilisation à grande échelle de ces catalyseurs naturels, dans le respect de l'environnement, pourrait remplacer de nombreux procédés polluants à savoir la catalyse chimique dans l'industrie du textile, du papier, de détergents, etc.

L'utilisation d'enzymes, surtout isolées des tissus végétaux, est d'une grande importance aussi bien dans l'industrie alimentaire que dans les autres secteurs industriels tels que ceux pharmaceutiques et dans la production de substances thérapeutiques.

Etude bibliographique

Selon le Secrétariat de la Convention sur la diversité biologique (CBD, 2010), le marché mondial des enzymes industrielles s'élevait à 3,3 milliards USD, en 2010 ; et des revenus de 4,4 milliards USD sont prévus pour 2015 en calculant un taux de croissance de 6,6 %.

La distribution du marché mondial des enzymes commerciales montre que les protéases et les amylases sont les plus utilisées (Rao *et al.*, 1998). Les amylases, seules, représentent aux alentours de 25-33 % du marché mondial des enzymes (Nguyen *et al.*, 2002).

L'utilisation des enzymes dans les divers domaines (alimentaire, détergence, pharmaceutique, textile, etc.) a été rendue possible tout particulièrement grâce aux meilleures connaissances sur la structure des enzymes et de ses fonctions dans les systèmes métaboliques des êtres vivants. Ayant recours à la génomique, à la protéomique et au génie génétique, différents types d'enzymes peuvent être identifiées au service de ces applications citées.

III. Les amylases

Les amylases sont des enzymes de la classe des hydrolases qui catalysent spécifiquement les liaisons O-glycosidiques de l'amidon en générant du glucose et plusieurs dérivées polysaccharidiques de ceci (maltoses, dextrines et d'autres petits polymères composés d'unités glucose) et elles sont des enzymes industrielles très importantes vu leurs utilisations dans des versatiles applications industrielles notamment dans l'industrie sucrière et celle du brassage, de pains et de la détergence (Noman *et al.*, 2006). Ces enzymes sont largement trouvées dans les tissus microbiens, animaux et végétaux (Muralikrishna et Nirmala, 2005). Toutefois, celles d'origine végétale, jouent un rôle important dans la germination et la maturation des graines ; en plus elles sont très prometteuses pour d'éventuelles applications (alimentaire surtout) comparées aux autres sources animales et microbiennes (Khemakhem *et al.*, 2013; Sharopova *et al.*, 1998).

III.1. Classification des enzymes amylolytiques

La classification des enzymes (EC) est basée sur le type de la réaction catalytique que les enzymes accomplissent. Par exemple les β-amylases ayant une classe (EC 3.2.1.2) dont leur réaction est décrite comme exo-hydrolytique des liaisons α-1,4- glucosidiques générant des oligo et polysaccharides (du maltoses surtout) ayant une configuration anomérique β à partir de l'extrémité non réductrice de l'amidon. Alors que les α-amylases (EC 3.2.1.1) sont des endo-hydrolases des liaisons α-1,4- glucosidiques et qui génèrent des oligo et polysaccharides d'une configuration anomérique α. Parallèlement, il y a différentes autres enzymes amylolytiques à part les deux enzymes citées dessus comme l'α-glucosidase, l'amyloglucosidase, l'amylopullulanase, etc. Bien que ce système de la classification EC soit utile, il convient de remarquer que l'α-amylase maltogénique (EC 3.2.1.33), l'α-glucosidase (EC 3.2.1.20) et les cyclodextrine-glucanotransférases (CGTases) (EC 2.4.1.19) ne sont pas classées avec les α-amylases. Elles ressemblent structuralement et enzymatiquement aux α-amylases en adoptant pratiquement le même mécanisme d'action, cependant, elles sont des exo-enzymes (Wind *et al.*, 1998; Penninga *et al.*, 1995). Ainsi, il faudrait tenir en compte d'autres critères de classification des amylases pour dévoiler les limites de spécificités substrats/produits pour ces enzymes. En 1991, Henrissat a amorcé pour la première fois une base de données des hydrolases nommée CAZy (Cantarel *et al.*, 2009; Lombard *et al.*, 2014) où la classification des enzymes est basée essentiellement sur la similitude de séquences et la similarité des structures tridimensionnelles (3D). Par conséquent, cette base de données regroupe plusieurs familles d'hydrolases en tenant compte des données de la classification stricte EC et de la similarité de structures 3D de ces enzymes. Il est important de noter que les enzymes amylolytiques occupent une place considérable dans différents processus industriels. Actuellement, elles représentent aux alentours de 30 % de la production mondiale des enzymes (Van der Maarel *et al.*, 2002).

III.2. Les β-amylases

Les β-amylases (EC 3.2.1.2) sont les membres de la famille 14 des glycosylhydrolases (selon la base de données CAZy (www.cazy.org)). Comme déjà mentionnées, elles sont des exo-amylases des liaisons α-1,4- glucosidiques en adoptant un mécanisme d'action d'inversement de la configuration anomérique α pour produire d'une manière récurrente des β-maltoses et aussi des dextrines limites peuvent être générés par ce type d'amylase. Les β-amylases sont impliquées principalement dans la dégradation de l'amidon mais aussi elles pourront avoir d'autres fonctions physiologiques et métaboliques, en jouant le rôle des protéines de réserves dans les graines. Les β-amylases sont retrouvées très abondamment dans les endospermes des graines non germées des céréales (forme classique avec une activité importante). Toutefois, d'autre forme de β-amylases appelées « tissu omniprésent » dotées d'une faible activité et présentes en quantités plus moindres dans les céréales (Ziegler, 1999; Van Damme *et al.*, 2001).

Les β-amylases des plantes se caractérisent le plus souvent d'une forme protéique monomérique (Van Damme *et al.*, 2001). De plus, les β-amylases des céréales n'exigent pas ni de cofacteurs ni d'ions métalliques pour leur activité (Ziegler, 1999). Bien intéressant, la séquence en acides aminés de différentes β-amylases des plantes est très conservée avec une similarité de 60 à 96 % (Ziegler, 1999; Gana *et al.*, 1998).

III.2.1. Mécanisme d'action catalytique

Le mécanisme d'hydrolyse des liaisons osidiques des β-amylases est connu sous le nom de méacanisme d'inversion de la configuration anomérique (Koshland, 1953). Ce mécanisme se déroule en une seule étape (Figure 2). Une protonation de l'atome d'oxygène interglycosidique est effectuée par le résidu acide/base. L'attaque d'une molécule d'eau activée par la base s'accompagne avec le départ de l'aglycone. La libération d'un produit de configuration opposée à celle du substrat se met en place par cette substitution. Généralement, les deux résidus sont distants de 10 Å.

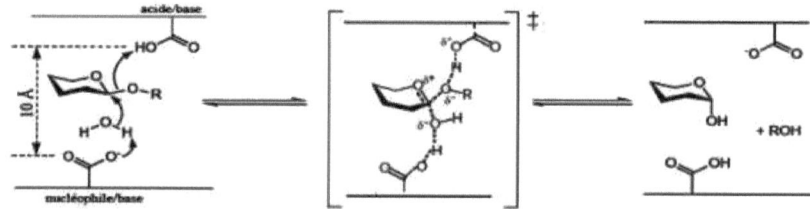

Figure 2: Mécanisme d'inversion de la configuration anomérique

III.2.2. Caractéristiques physico-chimiques

Les β-amylases sont très caractérisées aussi bien chez les plantes supérieures (Higashihara et Okada, 1974; Murao *et al.*, 1979; Robyt et French, 1964) que chez les micro-organismes (Shinke et al., 1975; Takasaki, 1976; Thomas et al., 1980; Yamashiro et al., 2010). En effet, la majorité des exo-amylases possèdent un pH optimum d'activité neutre ou acide (Sagu *et al.*, 2015; Khemakhem *et al.*, 2013; Kolawole *et al.*, 2011). De plus, la majorité des β-amylases des céréales sont plus stables à des pHs acides (Ziegler, 1999) et quelques unes sont stables à des pHs de l'ordre de 4 à 10 (Kolawole *et al.*, 2011). La plupart des exo-amylases sont actives à des températures de l'ordre de 50-60°C (Khemakhem *et al.*, 2013; Kolawole *et al.*, 2011; Daba *et al.*, 2012) et la majorité de ces enzymes sont stables à des températures entre 30 et 65°C (Kolawole et al., 2011). Cependant, la majorité des β-amylases qui sont bien décrites, ne sont ni actives ni stables à des températures supérieures à 65°C (Shen *et al.*, 1988). Des études antérieures ont prouvé que les α-amylases sont plus stables comparées avec les β-amylases de la même origine (Muralikrishna et Nirmala, 2005; El Nour et Yagoub, 2010). Toutefois, ayant recours à la biotechnologie (effets des additifs et ingénierie sur la cinétique), Daba *et al.* (2012) ont réussi à améliorer l'activité et la stabilité de la β-amylase de blé.

La masse moléculaire des amylases est variable selon les sources d'origine. En effet, celle d'origine végétale se diffère d'une plante à une autre; toutefois, la masse moléculaire des β-amylases des céréales se situe généralement entre 53 et 64 kDa (Ziegler, 1999).

III.2.3. Structure des β-amylases

Les études des différentes structures des β-amylases résolues par cristallographie ont montré qu'elles sont généralement constituées de trois domaines distincts : un domaine N-terminal catalytique en forme de tonneau $(\beta/\alpha)_8$, un petit segment formé par trois longues boucles constitue le deuxième domaine et un dernier domaine C-terminal constitué de feuillets β (Figure 3). Ce domaine C-terminal permettrait la fixation au substrat. Un tel domaine de fixation d'amidon natif se trouve essentiellement chez les β-amylases d'origine bactérienne et chez l'orge (Pujadas *et al.*, 1996; Nanmori, 1988); mais en général, les β-amylases des céréales ne peuvent pas attaquer directement les granules d'amidon à cause de l'absence du domaine C-terminal de fixation à l'amidon natif (Ziegler, 1999). Le site actif renferme deux acides glutamiques catalytiques, et est situé à l'extrémité C-terminale du domaine catalytique.

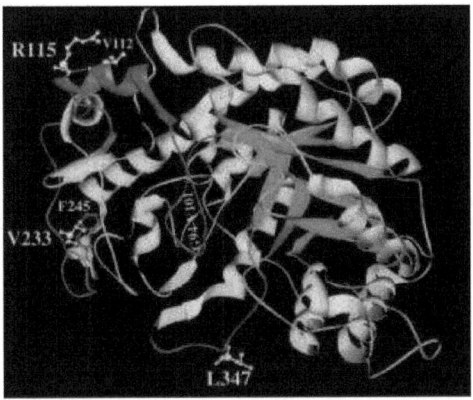

Figure 3: Structure 3D de la β-amylase d'orge (Sd2L) (Ma *et al.*, 2001)

Le site actif des glucosides hydrolases, entre autres des β-amylases, est formé, en général, par un ensemble de sous-sites de fixation du substrat et d'hydrolyse de la liaison osidique. Ces

Etude bibliographique

derniers sont numérotés de −n à +n pour faciliter la description de ces sous-sites. Conventionnellement, la rupture de la liaison osidique se fait entre les positions −1 et +1, et l'extrémité réductrice du glucose se présente du côté positif (Davies *et al.*, 1997). Des interactions de type « stacking » entre les anneaux glycosyles et les acides aminés aromatiques (tyrosine, tryptophane) et des liaisons hydrogènes se forment pour assurer la complexation enzyme/substrat dans chacun de ces sous-sites.

Par ailleurs, la structure du site actif est à l'origine du mode d'action d'une enzyme (Davies et Henrissat, 1995). Souvent, le site actif des exo-enzymes (des β-amylases) est sous forme de « poche » permettant la reconnaissance de l'extrémité non-réductrice des saccharides (Figure 4A). Par comparaison avec les autres modes d'action, certaines cellobiohydrolases I sont des enzymes processives c.à.d. le substrat reste associé à l'enzyme et les produits d'hydrolyse sont libérés à partir de l'extrémité nouvellement créé (Guimaraes *et al.*, 2002). Dans ce cas, ces enzymes ayant une structure en tunnel (Figure 4B), possèdent de longues boucles qui pourraient refermer partiellement la crevasse catalytique. En effet, cette topologie en tunnel favorise la fixation des chaînes polysaccharidiques et la progression d'une façon processive, de l'extrémité réductrice vers l'autre extrémité non réductrice, et d'un site de coupure à l'autre. En revanche, le mode endolytique des liaisons osidiques permet aux enzymes de les hydrolyser de manière aléatoire à l'intérieur de ces chaînes ploysaccharidiques. De ce fait, leur site actif est exposé généralement au solvant et forme ainsi une topologie de crevasse ou de sillon permettant la fixation du substrat (Figure 4C).

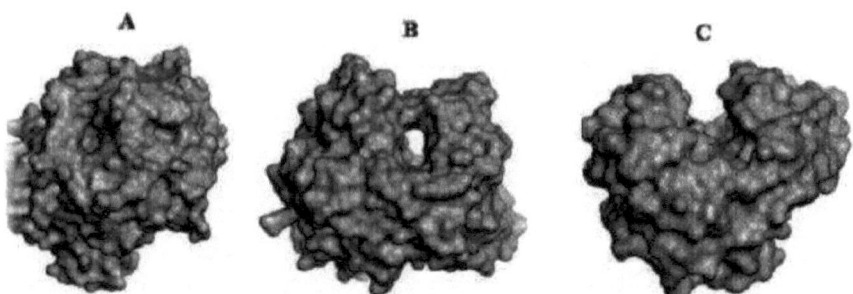

Figure 4: Exemples de topologie du site actif des glycosides hydrolases (en forme de poche (A), en forme de tunnel (B) et en forme de sillon (C))

III.2.4. Application industrielle

Les amylases sont les enzymes les plus utilisées dans diverses applications industrielles. Elles sont commercialisées depuis 1984 (Gupta *et al.*, 2003) et elles représentent actuellement plus que 20 % du marché mondial des enzymes (Nguyen *et al.*, 2002 ; Reddy *et al.*, 2003 ; Rajagopalan et Krishnan, 2008). Leur grande importance en biotechnologie affecte divers secteurs alimentaires, pharmaceutiques, bioénergies, industrie de détergences, du papier, des colles, etc. Nous présentons ci-dessous quelques applications importantes des enzymes amylolytiques.

III.2.4.1. Saccharification

La transformation de l'amidon en sirops à haute valeur ajoutée est utilisée comme édulcorants dans les industries alimentaires en particulier dans les boissons gazeuses. Les β-amylases sont impliquées dans le processus de la saccharification d'hydrolysats d'amidon (Dextrines) pour aboutir au sirop de maltose (Van der Maarel *et al.*, 2002) (Figure 5).

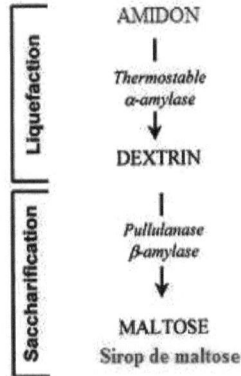

Figure 5: Transformation enzymatique de l'amidon en sirop de maltose

III.2.4.2. Pains et industries boulangères

Les amylases sont de bons candidats pour améliorer la qualité des produits de panification et de pâtisserie (Couto et Sanromán, 2006). L'addition de cocktail d'enzymes riche en activité exo-amylase à des doses bien déterminées dans des farines de qualité médiocre (faible pouvoir diastasique) permet non seulement de maximiser la fermentation de la pâte, mais aussi d'améliorer les propriétés rhéologiques et texturales du produit (Hamer, 1995). De plus, l'hydrolyse enzymatique de l'amidon de la pâte va augmenter les quantités de sucres permettant ainsi d'améliorer la saveur, la couleur de la croûte et la cuisson du produit (Monteiro de Souza et De Oliveira e Magalhães, 2010). Les amylases thermostables et thermorésistantes sont une alternative des additifs classiques (des émulsifiants et des produits chimiques), utilisées pour résister à la rétrogradation de l'amidon et pour empêcher aussi le rassissement (Azizi *et al.*, 2003 ; Morgan *et al.*, 1997). En effet, le phénomène de rassissement est dû lors du stockage de produit, au cours duquel, sa qualité deviendrait médiocre à cause de dessèchement de la mie et la détérioration de la croûte qui perdrait son croquant. D'ailleurs, la structure cristalline de l'amidon se dégrade suite à la cuisson. Toutefois, l'amidon a tendance à recristalliser au cours de refroidissement et de la conservation (Morgan *et al.*, 1997). Tous ces changements indésirables font diminuer la durée de vie de produit. Face à ce problème majeur dans la panification de nos jours, l'alternative de l'ajout des amylases thermostables permet donc d'améliorer la durée de conservation du produit boulanger et de limiter ainsi la vitesse de rassissement par l'hydrolyse partielle des zones amorphes de l'amidon rétrogradé.

III.2.4.3. Détergence

Pour résoudre plusieurs problèmes environnementaux, l'industrie de la détergence s'est orientée depuis des années vers la biotechnologie en utilisant les enzymes qui permettent, d'une part, d'éviter les produits chimiques déversés dans les eaux de lavage et, d'autre part, d'agir plus efficacement dans des conditions plus douces (température, pH, pression). Plusieurs industriels s'efforcent actuellement de substituer certains réactifs chimiques par des catalyseurs biologiques non polluants pour la nature ; on parle surtout de détergents biologiques. Les amylases sont actuellement les enzymes les plus utilisées dans la formulation des détergents derrière les protéases. De ce fait, plus de 90 % de ces enzymes se trouvent dans les détergents liquides (Hmidet *et al.*, 2009 ; Mitidieri *et al.*, 2006 ; Gupta *et al.*, 2003). Les amylases se trouvent aussi dans les détergents de blanchissage et dans les détergents pour lave-vaisselle automatique pour éliminer les résidus de féculents ou d'aliments amylacés (pomme de terre, sauce, chocolat, crème...etc.). Pour être utilisées, les amylases doivent avoir une stabilité et une adaptabilité très élevées devant les autres composantes essentielles d'un détergent. Généralement, les amylases sont confrontées aux conditions drastiques des détergents qui sont très agressifs du fait du pH qui est souvent très alcalin (supérieur à 10) et des oxydants (agents chlorés) qu'on les trouve fréquemment dans les composantes des détergents (Nardello-Rataj *et al.*, 2003 ; Hashida et Bisgaard-frantzen, 2000). De plus, les détergents liquides contiennent également des adjuvants et des agents chélateurs des ions bivalents (Ca^{2+}). D'où, la nécessité de rechercher dans ce secteur industriel aussi bien des amylases calcium-indépendantes et également stables dans les conditions drastiques des détergents (oxydants, conditions extrêmes de pH et de température, etc.). Ainsi, les β-amylases des céréales qui ne nécessitent ni de cofacteurs ni d'ions métalliques (Ziegler, 1999), sont prometteuses de telle application si on satisfait le pouvoir d'activité et de stabilité dans de telles circonstances (même si on recourt à la biotechnologie, le génie génétique pour modifier les séquences afin d'être plus profitables).

III.2.4.4. Bioénergie

Les amylases se trouvent aussi appropriées pour produire de biocarburants, notamment le bioéthanol à base d'amidon. Ce dernier est, en effet, le substrat le plus utilisé grâce à sa disponibilité et à son faible prix (Chi *et al.*, 2009). La bioconversion enzymatique de l'amidon en éthanol nécessite des étapes de liquéfaction et de saccharification suivies, en général, d'une fermentation de sirops de sucre obtenus en éthanol. Cette fermentation est assurée par des microorganismes comme la levure *Saccharomyces cerevisiae* (Moraes *et al.*, 1999 ; Öner, 2006).

III.2.4.5. Nutraceutique

Les enzymes amylolytiques peuvent être nutraceutiques. En effet, les amylases d'origine végétale (source alimentaire) pourront être rendues disponibles sous formes médicinales (poudre ou comprimé lyophilisés) ayant un effet bénéfique pour la santé à savoir leur protection contre les maladies chroniques. De ce fait, elles permettent de soulager par exemple les problèmes digestifs et les fermentations intestinales (SANOFI, 1996).

IV. Les plantes oléagineuses

Les plantes constituent une source intéressante servant entant que matières premières et médicaments. Les végétaux peuvent être aussi bien consommés directement comme aliments entiers ou transformés en autres types de denrées alimentaires. A l'évidence, la sélection des plantes doit se baser sur une évaluation tentante de l'innocuité (Moshelion et Altman, 2015). De ce fait, bon nombre de plantes jouent un rôle-clé dans différents processus en particulier dans la production d'aliments et dans la phytothérapie. En effet, actuellement, plus que 25 % des médicaments sont d'origine végétale (CAR/PP, 2003). En outre, la production de la biomasse végétale qui sert pour extraire plusieurs gammes de nouveaux produits de haute valeur ajoutée, est une tendance qui s'élève de jour en jour grâce au développement de la biotechnologie (la biologie moléculaire, la culture *in vitro*, l'enzymologie et la biochimie). On peut remarquer que les traits de la biotechnologie pourraient susciter à présent de nouveaux intérêts sur la valorisation des composants des végétaux (Moshelion et Altman, 2015). Les plantes oléagineuses sont parmi les végétaux les plus recommandées pour d'éventuelles applications alimentaires et nutraceutiques. Grâce à leur richesse en lipides et en d'autres biomolécules, les oléagineux sont conçus d'être transformer en produits à valeur ajoutée. Les différentes espèces des plantes oléagineuses sont cultivées pour leurs fruits ou leurs graines riches en lipides servant pour en tirer les huiles alimentaires. D'ailleurs, depuis des siècles, l'Homme a servi des graines des plantes riches en lipides comme source d'aliments et d'huile (Yang *et al.*, 2012). De plus, l'extraction de l'huile engendre des résidus qui donnent les tourteaux et qui pourraient servir à l'alimentation animale.

Les fruits oléagineux sont produits par des arbres dits oléifères. Ces dernières sont particulièrement :

- L'olivier (*Olea europaea*) est un arbre de la famille des *Oléacées*. L'olive est le fruit de cet arbre qui est charnu (drupe) et riche en lipides au niveau de la pulpe. Les oliviers s'adaptent mieux aux conditions climatiques des pays du bassin méditerranéen; d'où la production mondiale d'huile d'olive est très importante dans ces pays (Sanchez, 1994).
- Le Cocotier (*Cocos nucifera*) est un palmier de la famille des *Arécacées* donne des fruits appelés noix de coco. Ce palmier est présent dans toute la zone intertropicale humide et se développe sur des sols sableux, humifères, riches et bien drainés (Al-Adhroey *et al.*, 2011).
- Le noyer (*Juglans*) est un arbre de la famille des *Juglandacées*. Il produit un fruit charnu à noyau appelé la noix riche en huile (Dupéron, 1988).
- L'amandier (*Prunus dulcis*) est un arbre de la famille des *Rosacées*. L'amande qui est le fruit de l'amandier, est très riche en éléments nutritifs notamment les lipides (Esfahlan *et al.*, 2010; Yada *et al.*, 2011).
- Le noisetier (*Corylus avellana*) est un arbuste de la famille des *Bétulacées* qui donne des noisettes. Ces dernières contiennent des teneurs considérables en lipides qui sont aux alentours de 60 % (Mohammadzedeh *et al.*, 2014; Ciemniewska-Zytkiewicz *et al.*, 2015).
- Le palmier à huile est un arbre de la famille des *Arécacées*. Il est originaire de l'Afrique de l'Ouest; mais, actuellement, il est largement exploité dans les zones tropicales humides d'Afrique, d'Amérique Latine et d'Asie du Sud-Est. Le fruit charnu

(drupe) renferme l'huile de palme. Toutefois, les lipides qui se trouvent au niveau de la graine (amande) qui est située à l'intérieur du noyau, appelée palmiste, donne l'huile de palmiste (Engelmann, 1990).

Parmi les plantes à graines oléagineuses, on trouve particulièrement :
- L'arachide (*Arachis hypogaea*) ou cacahuète qui est une plante pérenne, fait partie de la famille des *Fabacées* (ou légumineuses). Les graines d'arachide est une matière première de plusieurs sorte de produits alimentaires grâce à sa riche composition en huile. En effet, l'huile d'arachide est très riche en acides oléiques et en acides linoléiques (Guéant *et al.*, 1995).
- Le tournesol (*Helianthus annuus*) ou appelé encore le "grand soleil", appartient à la famille des *Astéracées* (*Composées*). Il est très connu pour ses graines riches en huile contenant surtout de l'acide linoléique (Lacombe *et al.*, 2001).
- Le colza (*Brassica napus* var. *napus*) est une plante annuelle à fleurs jaunes de la famille des *Brassicacées* (*Crucifères*). Sa culture est répandue dans le monde et principalement dans les zones tempérées fraîches. Ses graines peuvent accumuler jusqu'à 50 % d'huile (Nesi *et al.;* 2008).
- Le lin cultivé (*Linum usitatissimum*) est une plante annuelle de la famille des *Linacées*. Les graines de lin est un réservoir de lipides de bonne qualité. D'ailleurs, l'huile de lin est une source d'acide linolénique (*omega* 3) par excellence qui représente plus que la moitié des acids gras estérifiés dans cette huile (Oomah, 2001; Shim *et al.*, 2014).

Toutes ces huiles (origines graines ou fruits) sont utilisées dans plusieurs secteurs tels que l'alimentation humaine, animale et dans l'industrie (savonnerie, combustible, médicaments, etc.). Mais, il est à noter que certaines de ces plantes peuvent contenir des allergènes (Guéant *et al.*, 1995) et par la présence des mycotoxines comme l'aflatoxine produite par les champignons du genre *Aspergillus* souvent infectant ces plantes, entraîne une contamination alimentaire (Bhatnagar-Mathur *et al.*, 2015).

Enfin, il est intéressant de noter que certaines espèces de la famille des légumineuses pourraient être considérées comme plantes oléagineuses. C'est le cas du soja (*Glycine max*) qui est une plante annuelle, originaire d'Asie de l'Est et appartient donc à la famille des légumineuses (Gomez-Andre *et al.*, 2012). Elle est largement cultivée pour ses graines qui sont riches en protéines et en lipides. Du fait de sa richesse en lipides, la FAO considère le soja comme un oléagineux et non pas comme un légume sec. D'autant plus, certaines plantes, comme le soja ou le sésame, évoquées précédemment comme des céréales, sont aussi des plantes oléagineuses du fait de leur richesse en lipides dans leurs graines.

IV.1. Les céréales

Les céréales constituent une source majeure d'alimentations humaine et animale. Elles pourront se présenter comme des agents nutraceutiques et thérapeutiques grâce à leur richesse en composants bénéfiques pour la santé tels que de bons lipides, des protéines, des fibres alimentaires et des anti-oxydantes (Baublis *et al.*, 2000).

Rappelons qu'en botanique, les céréales regroupent essentiellement les plantes de la famille des *Graminées* (*Poacées*). Toutefois, certaines plantes ou graines d'autres familles botaniques sont parfois appelées "céréales" telles que le sésame (*Pédaliacées*), le sarrasin (*Polygonacées*) et l'amarante (*Chénopodiacées*) mais le plus souvent ces graines sont appelées des pseudo-céréales du fait qu'elles ne sont pas classées parmi les *Poacées*.

L'avoine qui est une céréale par excellence, a la particularité d'accumuler des teneurs importantes en lipides dans son endosperme par rapport aux autres types de céréales. En général, les lipides de toutes les autres céréales à l'exception du maïs, sont en faible proportion (moins de 5 %) (USDA, 2003). Malgré que le maïs représente la céréale la plus connue d'accumuler des concentrations très élevées en huiles dans ses graines, l'huile de maïs est accumulée principalement dans l'embryon (germe) de la graine (Leng, 1961) et non pas dans l'endosperme. Ainsi, l'huile d'avoine est très intéressante et prometteuse pour être étudiée parmi celle de toutes les autres céréales.

Les céréales et en particulier les céréales fourragères constituent l'aliment de base pour l'élevage des animaux. Le marché de l'alimentation animale pourrait donc offrir des débouchés intéressants. Les volailles, un produit à faible coût préféré par les consommateurs des pays en développement, conservent sa prédominance dans le secteur de l'élevage. En effet, la viande des volailles va conserver sa suprématie dans le secteur de la viande et une hausse de la production a été envisagée de 27 % d'ici 2023 dans les perspectives agricoles de l'organisation de coopération et de développement économique (OECD) et de la FAO (OECD/FAO, 2014). La réponse de l'offre de ce produit qui fait un usage intensif de céréales, est d'autant plus subordonnée aux prix de ces aliments de base pour animaux.

IV.2. Développement des graines oléagineuses

Les plantes oléagineuses sont cultivées principalement pour leur richesse en lipides. La matière grasse des oléagineux peuvent être stockées soit dans leurs graines soit dans leurs fruits. La fraction lipidique extraite de ces végétaux est d'une grande importance dans des usages alimentaire, thérapeutique ou industriel...Bien évidemment, on peut valoriser les résidus de l'extraction de l'huile végétale, nommés tourteaux, généralement en le recyclant pour une application dans l'alimentation animale. Les principaux fruits oléagineux sont produits par des plantes de la famille des *Oleaceae* tels que les oliviers (Sanchez, 1994) pour leur huile d'olives très nourrissante et bénéfique pour la santé ou bien de la famille des *Arecaceae* tel que le palmier pour obtenir de l'huile de palme (Engelmann, 1990). Toutefois, les principales graines oléagineuses sont obtenues à partir des plantes de la famille des *Fabaceae* (arachide et soja), des *Asteraceae* (tournesols), des *Euphorbiaceae* (ricin) ou des *Lineaceae* (lin) (Guéant *et al.*, 1995 ; Gomez-Andre *et al.*, 2012 ; Lacombe *et al.*, 2001 ; Silva *et al.*, 2014 ; Shim *et al.*, 2014) pour extraire particulièrement de l'huile, ou bien du beurre pour le cas de la famille des *Sterculiaceae* (Cacaoyer) pour produire le beurre de cacao (Jahurul *et al.*, 2013).

Les graines oléagineuses et les produits dérivés : tourteaux protéiques et huiles végétales ont des retombées très intéressantes pour des applications potentielles dans le secteur industriel (alimentaire, pharmaceutique, nutraceutique, etc.).

Il est important de noter qu'une huile végétale peut être extraite de pratiquement tous types de graines, mais le rendement d'extraction diffère d'une graine à une autre et parfois d'une importance limitée. De ce fait, on peut trouver de l'huile de pépins de courge ou de raisin ou de figue de barbarie, etc. (Rezig *et al.*, 2012 ; Duba et Fiori, 2015 ; Berraaouan *et al.*, 2015). L'huile végétale extraite à partir des graines de céréales devrait avoir des répercussions particulières et intéressantes, une fois le rendement est considérable, vue qu'elle est très riche en antioxydants.

IV.3. Importance des antioxydants

Le système de défense d'un organisme vivant contient plusieurs éléments ciblés pour lutter contre les attaques nocifs du stress oxydant.

Dans le cas physiologique normal, la mitochondrie est le lieu de l'oxydation de la matière organique et est plus susceptible aux problèmes oxydatifs que les autres organites cellulaires (Gupta, 2011 ; Jacoby *et al.*, 2012). En effet, cet organite cellulaire capte le dioxygène de l'atmosphère (O_2) et avec la machinerie enzymatique qu'elle possède (oxydases, cytochromes, $NADPH_2$) permettrait l'oxydation des composants organiques ($C_6H_{12}O_6$) pour fournir ainsi de l'eau, de l'énergie et d'expulser le CO_2 à l'extérieur. Dans la condition normale, l'atome de l'oxygène stable possède une paire d'électrons dans chaque spin. Si l'oxygène possède un électron célibataire, il devient instable. Ce dernier cherche à se stabiliser; soit il arrache un autre électron soit il cède son électron, par la suite, une succession de radicaux libres se produit (réactions en cascade) pour former un ensemble d'espèces oxygénés activées (EOA) ou appelées encore espèces réactives de l'oxygène (ROS). Ces espèces s'attaquent aux constituants cellulaires de l'organisme (phospholipides …). Ainsi, les ROS sont agressives et d'ailleurs, elles peuvent être soient sous forme radicalaire soient sous forme non radicalaire (Gill et Tuteja, 2010 ; Dowling et Simmons, 2009). Les radicalaires sont les plus souvent des superoxydes ($O_2^{\cdot-}$), des hydroxyles ($^{\cdot}OH$) ou des carboxyles ($COO^{\cdot}$); alors que les non radicalaires sont plutôt l'oxygène singulet ($^1O_2$) ou le peroxyde d'hydrogène (Eau oxygénée H_2O_2) (Kranner et Birtic, 2005). L'oxygène singulet est plus agressif parce qu'il cherche un autre atome d'oxygène. Normalement, l'eau oxygénée pourrait donner de l'eau et de dioxygène; cependant, en présence d'ion ferreux (Fe^{2+}), la réaction deviendrait très dangereuse (Réaction de Fenton) qui permet d'arracher les électrons.

Dans les mitochondries, 2 à 5 % de fuite d'O_2 pourraient être à l'origine d'une source potentielle de ROS. L'organisme vivant se protège naturellement par les antioxydants. Donc, il y a un équilibre dans notre organisme entre les pro-oxydants (ROS) et les antioxydants témoignant d'une balance oxydante équilibrée dans les conditions physiologiques normales. Un déséquilibre de cette balance par des polluants externes par exemple, est au service de l'augmentation des pro-oxydants et d'une diminution des antioxydants (Sies, 1991). Ce déséquilibre de la balance oxydante est connu sous le nom de stress oxydant qui est à l'origine de plusieurs effets négatifs sur la santé humaine (Wdowiak et Wdowiak, 2015).

L'énergie produite au cours de l'oxydation dans la mitochondrie « incinérateur très riche en calories » et avec la fuite d'O_2 qui s'ajoute aux polluants externes engendrant ainsi les ROS ($O_2^{\cdot-}$, $^1O_2$).

La pollution (pesticides, insecticides, métaux lourds, etc.) est une source majeure de stress oxydant, qui va augmenter la fuite d'oxygène dans la mitochondrie générant ainsi un niveau élevé en ROS. Le vieillissement physiologique et la consommation importante d'oxygène lors d'activités sportives intenses sont en faveur de l'accumulation des ROS et donc du déséquilibre oxydant à l'origine des maladies chroniques tels que l'athérosclérose et les maladies cardiovasculaires et les problèmes d'infertilité (Miller *et al.*, 2006 ; Valko *et al.*, 2007 ; Tsutsui *et al.*, 2009 ; Tremellen, 2008).

La solution de ces anomalies viendrait essentiellement des antioxydants. En effet, les antioxydants peuvent être aussi bien enzymatiques ou non enzymatiques. Les antioxydants non enzymatiques peuvent être soit endogène soit exogène. Les endogènes (d'un organisme vivant) sont principalement le glutathion et les vitamines alors que les exogènes regroupent aussi bien les vitamines (A,C,E) qui sont des chélateurs des radicaux libres et les polyphénols (flavonoïdes, tanins, etc.) (Smirnoff, 1993). Toutefois, les antioxydants enzymatiques sont impliqués dans différentes voies d'élimination des ROS (Wu *et al.*, 2009 ; Mittler, 2002) et sont principalement la superoxyde dismutase (SOD), la catalase (CAT), le glutathion peroxydase (GPX) et l'ascorbate peroxydase (APX) (Figure 6).

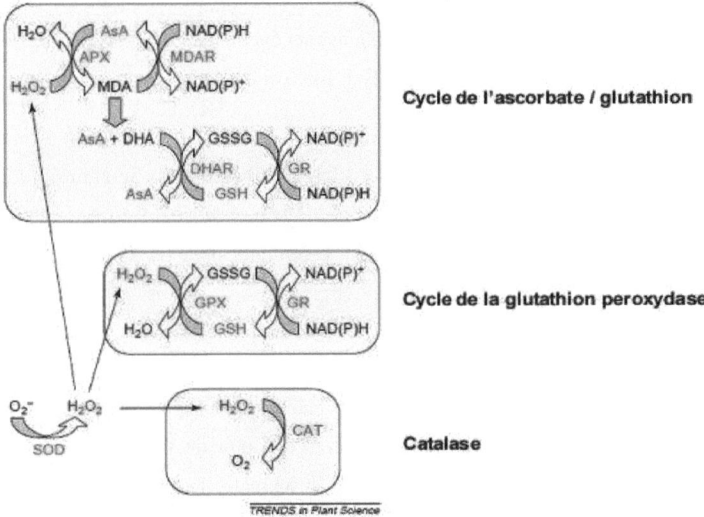

Figure 6: Voies d'élimination des espèces réactives de l'oxygène (ROS) par action enzymatique (Mittler, 2002)

L'ion superoxyde ($O_2^{\cdot-}$) est converti en peroxyde d'hydrogène (H_2O_2) par le superoxyde dismutase (SOD). Le H_2O_2 serait réduit directement en dioxygène par la catalase (CAT) dans les peroxysomes; alors qu'il est réduit aussi par la glutathion peroxdase (GPX) et l'ascorbate peroxydase (APX) en oxydant respectivement les formes réduites d'un glutathion (GSH) ou de deux ascorbates (AsA).

Il est intéressant de noter qu'un grand nombre de molécules anti-oxydantes ont été décrites avoir un effet antioxydant direct sans l'intervention d'enzymes. A l'état sec, les activités enzymatiques sont très limitées, et certainement les antioxydants non enzymatiques prennent les relèves et jouent donc un rôle très important, préventif comme curatif contre les dégâts du stress oxydant (Bailly, 2004). Les tocophérols (vitamine E) ont un pouvoir antioxydant fort (Munné-Bosch et Falk, 2004).

L'exposition à la pollution atmosphérique, aux radiations et aux xénobiotiques présents dans ou à proximité de notre alimentation sont des sources de stress oxydant affectant la fertilité (Ben slima *et al.*, 2013 ; Wdowiak et Wdowiak, 2015). Les plantes sont cultivées spécifiquement pour leur matière grasse dont on extrait en particulier de l'huile végétale ou essentielle à usages multiples, alimentaire, médicinale, etc. (Ben Hsouna *et al.*, 2013). Toutefois, les huiles sont bien caractérisées et sont reconnues riches en antioxydants, et plus particulièrement, les tocophérols (vitamine E), agents éventuels pour prévenir les dommages oxydatifs des pesticides sur la reprotoxicité (Ben slima *et al.*, 2013).

Très récemment, l'équipe de recherche dermatologique (Johnson & Johnson Skin Research Center, USA) ont prouvé l'effet bénéfique de l'huile d'avoine qui a amélioré la fonction de barrière de la peau sur des kératinocytes humaines (Chon *et al.*, 2015), grâce à la richesse de l'huile d'avoine en antioxydants potentiellement bénéfiques pour les maladies causées par le stress oxydant.

IV.4. Intérêt des graminées et d'*A. sativa*

Dans le règne végétal, il y a plusieurs types de plantes classées en famille. Les graminées représentent la première famille la plus importante de point de vue économique de part la demande excessive dans l'alimentation humaine et animale. Les membres de cette famille sont ainsi une source majeure de la nourriture du fait de la composition très riche en composants vitaux (protéines, lipides, amidon, antioxydants) et les recherches sur les graminées sont de plus en plus intéressantes pour l'analyse évolutionnaire des plantes (Buell, 2009). Les graminées ou poacées (*Poacea*) rassemblent notamment les herbes et les céréales. La production mondiale des céréales ne cesse pas d'augmenter de jours en jours; elle a été élevée de 2 à 2,8 de millions de tonnes entre la période 2002 et 2013 et cette augmentation était en corrélation avec l'augmentation de la superficie récoltée (FAOSTAT, 2015). Les graminées correspondent également à une grande famille du règne végétal car elle comprend environ 800 genres et plus que 12 000 espèces (GrassWorld, 2012). Parmi les espèces les plus intéressantes on retrouve le blé (*Triticum aestivum*), l'orge (*Hordeum vulgare*), le riz (*Oryza sativa*) et l'avoine (*Avena sativa*). L'avoine cultivée (*Avena sativa* L.) est très particulière.

Les particularités les plus intéressantes de l'avoine sont d'une part la capacité d'accumuler des teneurs très élevées en huile variant de 3 à 18 % (Frey et Holland, 1999; Leonova, 2008) et d'autre part la complexité de son génome. L'avoine cultivée est hexaploïde (2n = 6x = 42) et la taille de son génome a été évaluée à environ 13000Mpb (Bennett et Smith, 1976) qui est très complexe et pratiquement non séquencé.

Les graines de l'avoine (Figure 7) constituent aussi bien une source majeure d'enzymes comme les amylases par exemple et une source de réserves comme l'amidon, les protéines et les lipides (Butt *et al.*, 2008). D'autant plus, en termes de composition, l'avoine est très comparable avec les céréales couramment utilisées en alimentation humaine tels que le blé et l'orge. Rappelons que l'avoine est une plante importante dans les cultures agricoles de divers pays d'Europe et d'Amérique du Nord. Toutefois, en Tunisie, cette graminée est cultivée essentiellement dans le Nord et le Centre du pays.

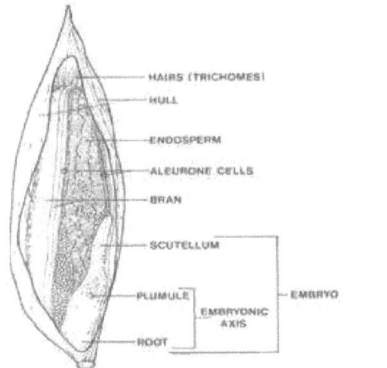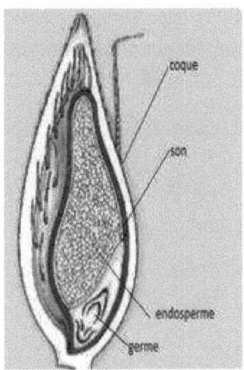

Figure 7: Coupe transversale de graines d'avoine.
(Encyclopedia Britannica Inc., copyright,1996)

V. L'avoine: *Avena sativa*

V.1. Etude taxonomique d'*Avena sativa*

L'avoine appartient à la famille des *Poacées* qui regroupent des centaines de genres et des milliers d'espèces (GrassWorld, 2012). Les genres les plus représentés sont particulièrement les genres *Triticum*, *Zea*, *Hordeum*, *Oryza*, *Sorghum* en plus du genre *Avena* (Fendri *et al.*,

2013). Quoique l'origine de l'avoine ne soit pas très élucidée, elle a été probablement cultivée dans la Vallée du Jourdain au cours de l'époque néolithique. Généralement, l'avoine est considérée originaire du Nord de l'Europe puisqu'elle y trouve en abondance. C'est une céréale moins anciennement domestiquée que l'orge, le blé ou le riz et elle est encore cultivée sur de grandes superficies (Chawade et al., 2010). L'avoine est une plante économiquement importante et comprend environ 70 espèces, bien que principalement *Avena sativa*, *Avena strigosa* et *Avena byzantina* sont les plus couramment cultivées à l'échelle commerciale (Chawade et al., 2010). D'ailleurs, l'avoine peut pousser facilement dans des terrains pauvres où la culture de la plupart des autres céréales est impossible. En effet, l'avoine peut s'adapter aux sols acides et elle est sensible au manque d'eau (Fendri et al., 2013). De ce fait, elle préfère les climats tempérés et humides. Aujourd'hui, elle est retrouvée en majeure partie dans les régions tempérées du monde, principalement aux Etats-Unis, au Canada, en Russie et en Allemagne. Elle est également cultivée en Afrique du Nord et en particulier en Tunisie (Hammami et al., 2008).

Les *Poacées* ou *Graminées* sont des *Angiospermes* puisque leurs ovules sont protégés par un ovaire complètement clos qui, à maturité, donnera le fruit contenant la graine. Cette famille appartient aux Monocotylédones du fait de la présence d'un seul cotylédon sur l'embryon de la graine, un cotylédon étant une feuille embryonnaire. Les *Poacées* font partie de l'ordre des Cyperales. La classification de l'espèce *Avena sativa* peut être illustrée ci-dessous (Butt et al., 2008):

Règne : *Plantae*
Classe : *Liliopsida*
Sous-classe : *Monocotyledonae*
Ordre : *Poales*
Famille : *Poaceae (Gramineae)*
Genre : *Avena*
Espèce : *sativa*

V.2. Etude botanique d'*Avena sativa*

L'avoine (*Avena sativa*) est une plante herbacée annuelle dont les tiges sont de 50 centimètres jusqu'à plus d'un mètre de hauteur. Il existe plusieurs centaines de variétés d'avoines cultivées regroupées en avoine d'hiver et en avoine de printemps (Chawade et al., 2012).

L'appareil végétatif de l'avoine est constitué de 3 à 5 voire plus de nœuds sur la tige (Figure 8).

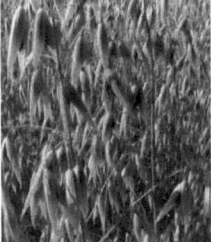

Figure 8: Photographie d'un champ d'avoine (http://www.visoflora.com)

V.2.1. Les feuilles

Les feuilles de l'avoine sont sous forme plane ou presque plane d'une largeur variant de 5 à 15 mm. Elles sont aussi sous forme de ligule membraneuse et longue. Ainsi, les feuilles sont allongées et entourent la tige creuse (Figure 9).

Figure 9: Photographie de feuilles et tiges d'avoine (https://fr.vikidia.org)

V.2.2. Les fleurs

L'avoine est formée de fleurs réduites et groupées en épis. Parmi les céréales à paille, l'avoine se caractérise par son inflorescence en panicule lâche très ramifiée qui regroupe de grands épillets espacés de trois fleurs. L'avoine cultivée est remarquable par ses petits groupes de fleurs retombants qui sont portés sur des rameaux très fins (Figure 10).

Figure 10: Photographie de fleurs d'avoine (www.biopix.com)

V.2.3. Les graines

La graine de l'avoine est originellement vêtue de glumelles non adhérentes mais qui restent fermées. Les graines peuvent être recouvertes de nombreux poils dans la plupart des variétés (Figure 11). Cependant, il existe des avoines nues pour certains cultivars peu répandus. Par ailleurs, la graine d'avoine est beaucoup plus riche en protéines et en lipides que les autres céréales, une fois débarrassée de son enveloppe. L'intérêt nutritionnel de l'avoine est lié aussi à la présence d'importants composés bioactifs (Peterson, 2001); à savoir les fibres alimentaires (β-glucanes), les antioxydants (en particulier les tocophérols) et les enzymes qui catalysent en particulier l'hydrolyse de ses réserves d'amidon et de lipide (amylases et lipases). La consommation des flocons d'avoine est répandue dans les habitudes des anglo-saxonnes et elle représente maintenant une bonne part de la consommation humaine. Bien que l'avoine soit considérée comme une céréale un peu secondaire, elle a tendance d'ouvrir plusieurs débouchés dans des applications diverses surtout dans le développement de l'élevage des animaux, dans l'alimentation humaine et dans le domaine thérapeutique.

Figure 11: Photographie de graines d'avoine (www.w12.fr)

V.3. Les principales enzymes de l'avoine

V.3.1. Les chitinases

Pour s'attaquer aux microorganismes pathogènes, les plantes expriment un grand nombre de gènes codant pour des protéines. Ces dernières sont particulièrement des enzymes de types chitinases et *beta*-glucanases. Ce sont des glycosyl-hydrolases qui, surtout en association, inhibent la croissance de nombreuses classes d'agents pathogènes. De ce fait, ces enzymes contribuent aux mécanismes de défense de la plante notamment en détruisant la paroi cellulaire des pathogènes tels que les champignons. En effet, de nombreux champignons présentent dans leurs parois cellulaires la chitine (polymère de la N-acétyl-glucosamine) et le glucane β-1,3 qui sont les substrats des chitinases et des β-1,3 glucanases, respectivement (Li, 2006). La chitinase de classe I est retrouvée dans l'extrait aqueux d'avoine. Elle possède une masse moléculaire de 34 kDa (Sørensen *et al.*, 2010). Ces auteurs ont prouvé que l'avoine est un agent anti-fongique et préservatif des aliments grâce à l'abondance de cette chitinase.

V.3.2. Les amylases

Les amylases appartiennent à la famille des hydrolases qui catalysent principalement l'hydrolyse des liaisons glucosidiques de l'amidon (Van der Maarel *et al.*, 2002). De ce fait, elles sont présentes dans presque tous les êtres vivants. Par ailleurs, les amylases d'origine végétale sont impliquées principalement dans la germination des graines de plantes. En plus, elles jouent un rôle majeur dans le secteur industriel. Ainsi, les sucres simples générés par les amylases sont utilisés par la suite dans diverses applications notamment dans l'industrie de panification. D'ailleurs, il existe des travaux antérieurs (Uno-Okamura *et al.*, 2004 ; Fendri *et al.*, 2013) qui ont été menés pour déterminer de nouvelles amylases au cours de la germination des graines d'avoine (*Avena sativa*).

Une description détaillée de la composition et de différentes utilisations de l'avoine (*Avena sativa* L.) a été développée en mettant l'accent sur la relation biotechnologie-structure et propriétés nutraceutique et alimentaire de l'avoine pour d'éventuelle application industrielle. Voir annexe 1:

Article de revue (Ben Halima *et al.*, 2015): Oat (*Avena sativa* L.): Oil and nutriment compounds valorization for potential use in industrial applications. Nihed Ben Halima, Rania Ben Saad, Bassem Khemakhem, Imen Fendri, Slim Abdelkafi. J. Oleo Sci. 64 (2015) 915-932 (doi : 10.5650/jos.ess15074).

Matériel & Méthodes

I. Matériel

I.1. Matériel végétal

Les graines d'avoine (*Avena sativa*) ayant fait l'objet de notre étude ont été obtenues à partir du centre de collecte des céréales ''El Rahma'' (Route de Gabes, Sfax, Tunisie) et à partir du marché local. La germination de ces graines a été faite dans une atmosphère adéquate (température 25 °C, obscurité pendant les cinq premiers jours et humidité; avec un apport quotidien d'eau).

I.2. Produits chimiques

Tous les produits chimiques utilisés dans ce travail ont été fournis essentiellement par Bio-Rad, Sigma-Aldrich, Pharmacia et Amersham.

- ✓ La deltaméthrine (DEL) est un composé chimique ($C_{23}H_{19}Br_{23}NO_3$) de la famille des pyréthrinoïdes couramment utilisée en agriculture notamment comme insecticide;

- ✓ L'hématoxyline est un colorant basique qui colore en bleu violacé les structures basophiles (noyaux);

- ✓ L'éosine (10 %) est un colorant acide qui colore en rose les structures acidophiles (cytoplasme).

I.3. Tampons, solutions et réactifs

I.3.1. Tampons

✓ Tampon acétate (0,1 M)

A : solution d'acide acétique (0,2 M).
B : solution d'acétate de sodium (0,2 M) : 16,4 g de $C_2H_3O_2Na$ dans 1000 ml de H_2O.
X ml de A + Y ml de B ; dilué à un volume final de 100 ml.

X (ml)	Y (ml)	pH
41,0	9,0	4,0
25,5	24,5	4,6
14,8	35,2	5,0
8,8	41,2	5,4
4,8	45,2	5,6

✓ Tampon phosphate (0,1 M)

A : solution de phosphate de sodium monobasique (0,2 M) : (27,8 g de NaH_2PO_4 dans 1000 ml).

B : solution de phosphate de sodium dibasique (0,2 M) : (53,65 de Na_2HPO_4, $7H_2O$ dans 1000 ml).

X ml de A + Y ml de B ; dilué à un volume final de 200 ml.

X (ml)	Y (ml)	pH
87,7	12,3	6
68,5	31,5	6,5
39,0	61,0	7,0
16,0	84,0	7,5
5,3	94,7	8

✓ Tampon Glycine/NaOH (0,1 M)

A : solution de glycine (0,2 M) : (15,01 g dans 1000 ml).

B : solution NaOH (0,2 M).

50 ml de A + X ml de B ; dilué à un volume final de 100 ml.

X (ml)	pH
8,8	9,0
20,0	9,5
32,0	10,0
42,0	10,5

✓ Tampon de migration pour l'électrophorèse SDS-PAGE

14,4 g Glycine, 1 g SDS et 3 g Tris dissous dans un litre d'eau distillée.

I.3.2. Solutions et réactifs

✓ Solution de coloration du gel de polyacrylamide par le bleu de Coomassie

50 ml éthanol, 50 ml eau distillée, 10 ml acide acétique et 0,275 g bleu de Coomassie.

✓ Solution de décoloration du gel de polyacrylamide

14 ml acide acétique, 10 ml éthanol et 76 ml eau distillée.

✓ Réactif de DNS (acide 3,5 dinitro-salicylique)

10,6 g DNS, 19,8 g NaOH et 1416 ml eau distillée. Le mélange est parfaitement dissout auquel sont ajoutés 306 g tartrate double de sodium et de potassium, 7,5 ml phénol et 8,3 g métabisulfite de sodium. Le réactif a été gardé à 25°C et à l'abri de la lumière.

✓ Réactif d'iodine

0,02 % I$_2$ et 0,2 % KI.

II. Méthodes

II.1. Dosage des activités amylases

Les activités amylases ont été déterminées par le dosage des sucres réducteurs libérés. Ces derniers ont été dosés par la méthode DNS (Miller, 1959) moyennant une gamme étalon en utilisant une solution mère de 2 g/l de glucose. Le DNS réagit avec les extrémités OH libres des sucres réducteurs et développe une coloration orange stable (Summer et Sommers, 1944).

A 0,5 ml d'amidon 1 %, 50 µl d'enzyme et 0,45 ml tampon acétate de sodium 0,1 M ont été ajoutés; ensuite, une incubation pendant 10 min à la température choisie (55°C) a été faite et puis, 3 ml de DNS ont été ajoutés. Pour révéler l'activité, une autre incubation pendant 10 min à 100°C a été réalisée; et enfin, 20 ml d'eau ont été ajoutés et la mesure de la densité optique a été effectuée avec une longueur d'onde de 550 nm.

Une unité d'activité amylase est la quantité d'enzyme capable de libérer des sucres réducteurs équivalents à 1 µmole de glucose par minute dans les conditions indiquées.

Nous pouvons déterminer ainsi l'activité amylase en unité internationale (UI) par ml selon la formule suivante:

Activité en UI/ml = $\dfrac{\text{Quantité en sucres réducteurs libérés}}{t \times MM \times V}$

- ❖ **t** : Temps d'incubation (10 min)
- ❖ **MM** : Masse molaire du glucose (180 g/mol)
- ❖ **V** : Volume de l'échantillon.

➢ Dosage de l'activité de dextrinisation

A noter que ce dosage peut être appliqué à toutes les autres activités amylolytiques.

1 ml d'amidon 1 % (dissout dans un tampon 0,05 M) et 50 µl d'enzyme ont été incubés durant 10 min à la température choisie (55°C); puis, 1 ml d'acide acétique (1,5 N), 1 ml de réactif d'iodine et 20 ml H$_2$O ont été ajoutés et l'activité amylase a été déterminée par la mesure de l'absorbance à 700 nm. La mesure s'est effectuée contre un blanc qui contient l'eau au lieu de l'enzyme.

Une unité d'activité de dextrinisation est la quantité d'enzyme capable d'induire une diminution de 10 % (par rapport au blanc) de la densité optique du complexe amylose-iodine par minute dans les conditions expérimentales.

II.2. Dosage des protéines solubles

Les protéines solubles ont été dosées par la méthode de Lowry (Lowry *et al.*, 1951) ou par la méthode de BCA (Smith *et al.*, 1988). Le sérum albumine bovine (BSA) a été utilisé comme standard.

II.3. Détermination des conditions expérimentales par un plan d'expériences

II.3.1. Conditions d'extraction des amylases

L'effet combiné du rapport masse des graines d'avoine/volume de tampon (X_1), de la température d'extraction (X_2), des jours de la germination des graines (X_3) et du pH du tampon d'extraction (X_4) a été évalué par la méthodologie du plan d'expériences.

L'optimisation de l'extraction des amylases de l'avoine a été effectuée par la mise en œuvre d'un plan d'expériences du type Box-Behnken dont la matrice est présentée dans le Tableau 1.

Tableau 1. Matrice d'expériences du plan Box-Behnken à quatre facteurs

N_i	X_1	X_2	X_3	X_4
1	-1	-1	0	0
2	1	-1	0	0
3	-1	1	0	0
4	1	1	0	0
5	-1	0	-1	0
6	1	0	-1	0
7	-1	0	1	0
8	1	0	1	0
9	-1	0	0	-1
10	1	0	0	-1
11	-1	0	0	1
12	1	0	0	1
13	0	-1	-1	0
14	0	1	-1	0
15	0	-1	1	0
16	0	1	1	0
17	0	-1	0	-1
18	0	1	0	-1
19	0	-1	0	1
20	0	1	0	1
21	0	0	-1	-1
22	0	0	1	-1
23	0	0	-1	1
24	0	0	1	1
25	0	0	0	0
26	0	0	0	0
27	0	0	0	0

Le logiciel NemrodW (Mathieu *et al.*, 2000) a été utilisé pour déterminer tous les calculs des coefficients et pour représenter les différentes courbes d'isoréponses. La mise en œuvre de ce plan est présentée dans le chapitre résultats et discussion.

II.3.2. Extraction des enzymes amylolytiques

L'extraction des enzymes amylolytiques des graines d'avoine est illustrée dans la Figure 12.

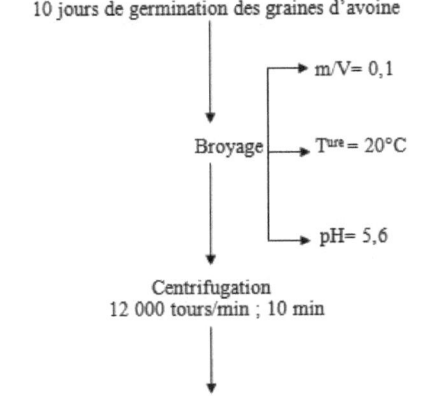

Figure 12: Schéma du protocole d'extraction des amylases de l'avoine

m/V étant le rapport masse des graines (g) sur volume du tampon d'extraction (ml).

II.4. Caractérisation physico-chimique de l'activité amylolytique

II.4.1. Effet du pH

La mesure des activités amylolytiques des graines d'avoine a été effectuée en fonction de différents pH croissants de 3,6 jusqu'au 10,5. Le pH optimum est déterminé dans l'extrait amylolytique de 10 jours de germination et à une température fixe de 37 °C moyennant une courbe en cloche (activité cf pH).

II.4.2. Effet de la température

II.4.2.1. Etude de la thermoactivité

La thermoactivité consiste à déterminer la température optimale de l'activité de l'enzyme. Ainsi, l'activité amylolytique des graines d'avoine a été dosée à différentes températures allant de 20 °C jusqu'à 90 °C. Les autres paramètres ont été fixés à une valeur précise chacun (pH = 5,6 et l'extrait contenant l'activité amylolytique de 10 jours de germination). La température optimale est déterminée aussi moyennant la courbe en cloche (activité cf température).

II. 4.2.2. Etude de la thermostabilité

La thermostabilité de l'enzyme est sa capacité à résister dans le temps à une température donnée. De ce fait, l'extrait amylolytique a été incubé à 30 °C et à 55 °C pendant : 0 min, 15 min, 30 min, 1 h, 1 h 30 min et 2 h. Ensuite, l'activité résiduelle a été mesurée pour chaque expérience.

II.5. Electrophorèse sur gel de polyacrylamide et zymogramme

L'analyse des extraits protéiques par électrophorèse sur gel de polyacrylamide a été réalisée à pH 8,3 selon la technique de Laemmli (Laemmli, 1970). En effet, les fractions protéiques collectées ont été analysées par une électrophorèse (Bio-Rad) sur gel de polyacrylamide 12 % en présence de SDS. Les protéines à analyser ont été incubées pendant 5 min à 100 °C dans un tampon dénaturant. La migration a été effectuée sous une tension maximale à 20 mA dans une cuve d'électrophorèse contenant le tampon de migration. Les protéines ont été, par la suite, colorées au bleu de Coomassie pendant 20 min puis décolorées.

Pour la révélation de l'activité amylolytique, 0,1 % d'amidon a été incorporé dans la composition du gel de séparation. Après migration, le gel a été bien lavé dans un tampon acétate à pH 5,6 pour éliminer le SDS et renaturer l'enzyme puis, il a été incubé pendant une nuit à 45 °C. La révélation a été faite par une solution d'iodine.

II.6. Analyse du pain

Pour évaluer l'effet de l'ajout d'extrait amylolytique d'avoine sur la qualité du pain, nous avons préparé les pains selon une recette classique (préparation tunisienne) en mélangeant tout d'abord la farine de blé (50 g), la levure boulangère (1 g) et le sel (0,5 g) moyennant trois concentrations croissantes d'extrait amylolytique (C1=0,12 U/g et C2=0,24 U/g et C3=0,48 U/g). L'eau tiède a été ajoutée progressivement (35 ml). Par la suite, la pâte obtenue a subi l'étape de fermentation (à 30 °C et pendant 30 min). La cuisson des pains obtenus a été effectuée dans un four à une température de 190 °C pendant 45 min.

II.7. Analyse de la texture

Afin d'étudier l'effet de l'incorporation de l'avoine sur les caractéristiques organoleptiques des produits testés (pains et viandes de poulets de chair), l'étude a concerné l'analyse de la texture telles que la dureté et l'élasticité en utilisant le texturomètre de type (Texture Analyser, TA Plus, LLOYD instruments, England). Pour le cas de l'analyse des pains, la capacité maximale du texturomètre a été de 1000 N pour des applications alimentaires avec une sonde cylindrique de 20 mm de diamètre, de 50 % de compression et d'une vitesse de 5 mm/s.

II.8. Spectrométrie de masse en tandem (LC-MS/MS)

L'identification des protéines de l'extrait d'avoine a été effectuée par LC-MS/MS (couplage HPLC-Spectrométrie de masse en tandem) après une étape de digestion trypsique (Sigma). La LC-MS/MS utilisée pour ce travail est de type NanoUltraHPLC-NanoESI UHR–QTOF MS. L'expérimentation a été faite sur un système de type UltiMate^{TM} 3000 NanoRSLC System (Dionex, Sunnyvale, CA) connecté à un spectromètre de masse de type Bruker MaXis UHR-QTOF 2 GHz mass spectrometer. Ce dernier utilise le mode d'ionisation par électrospray. La technique est basée sur l'ionisation des molécules en phase gazeuse et repose sur la création d'un brouillard électriquement chargé à partir d'un flux continu de liquide dans une enceinte à pression atmosphérique. La mesure des rapports masse/charge (m/z) des ions moléculaires ou des fragments ainsi générés permet d'identifier les composés étudiés par comparaison avec les standards. Par ailleurs, le fonctionnement de la LC-MS est contrôlé par le logiciel (Bruker Hystar^{TM} software version 3.2). Les peptides ont été pré-concentrés sur une pré-colonne en phase réverse (Dionex Acclaim PepMap100 C18) (100 µm de diamètre x 2 cm de longueur ; 5 µm ; 100 Å) puis séparés sur une colonne C_{18} (75 µm de diamètre x 25 cm de longueur; 2 µm; 100 Å). L'élution est assurée par un gradient de 2-35 % d'acétonitrile dans 0,1 % d'acide formique avec un débit de 450 nL / min. Le spectre MS/MS est effectué par l'intermédiaire des bases de données (UniProtKB/Swiss-Prot/TrEMBL), une recherche sur NCBI (blast, non redondant) (http://www.ncbi.nlm.nih.gov) et la base des données des ESTs (Expressed Sequence Tags) d'*Avena sativa* L. contenant 25346 entrées (GO598932-CN180783) et en utilisant le moteur d'identification « Mascot » (version 2.3, Matrix Science, France).

II.9. Traitement bioinformatique des données et modélisation moléculaire

L'alignement par BLAST (Basic Local Alignment Search Tools) est un outil très utilisé en bioinformatique pour comparer des séquences nucléotidiques et/ou protéiques entre eux. Il est très rapide mais ne garantit pas de trouver l'alignement de plus haut score. Cependant, le BLAST reste une technique très efficace pour résoudre plusieurs problèmes bioinformatiques à savoir l'identification de nouvelles séquences protéiques. En effet, on peut trouver par exemple le blastx pour comparaison plus fiable au niveau protéines qu'au niveau ADN (http://blast.ncbi.nlm.nih.gov).

La modélisation moléculaire a été réalisée avec le serveur Géno3D (http://geno3d-pbil.ibcp.fr). Le serveur Géno 3D propose à l'utilisateur tous les modèles possibles à travers une interface conviviale qui classe les structures trouvées par degré d'homologie décroissant en donnant les scores pour le choix de la meilleure cible. La génération de plusieurs structures permet d'avoir une estimation de la précision des modèles obtenus, et ceci en particulier au niveau des boucles et des insertions-délétions. Les modèles obtenus sont visualisés et étudiés en utilisant le programme PyMOL (http://www.pymol.org).

II.10. Caractérisation de la farine des graines d'avoine

II.10.1. Teneur en matière sèche

La teneur en matière sèche a été déterminée après séchage à l'étuve à une température de 105°C de 1 g de farine jusqu'au poids constant (AOAC, 1997).

II.10.2. Teneur en cendre

La teneur en cendre a été déterminée par incinération de la matière sèche obtenue à partir de 1 g de farine dans un four à 550°C jusqu'à combustion complète de la matière organique (AOAC, 1997).

II.10.3. Teneur en minéraux

Les teneurs en minéraux (calcium (Ca), sodium (Na), potassium (K), manganèse (Mn), chrome (Cr), fer (Fe) et phosphore (P)) ont été déterminées par absorption atomique après une attaque acide des cendres de la farine selon la norme AFNOR (1984).

II.10.4. Teneur en protéines

La teneur en protéines a été déterminée selon la méthode standard de Kjeldahl (AOAC, 1997). Le principe de cette méthode consiste à déterminer le taux d'azote total après minéralisation du produit, distillation et titration avec une solution d'acide sulfurique 0,1 N. Le facteur de conversion utilisé est de 6,25 (Ahmad *et al.*, 2010). En effet, l'azote protéique (azote organique) est déterminé par la différence entre l'azote total et l'azote ammoniacal (NH_4). Ce dernier est déterminé directement sans minéralisation. L'azote total est déterminé par la relation suivante :

$$\% \, azote \, total = \frac{N \times V \times MM}{m} \times 100$$

N : normalité de l'acide sulfurique utilisée pour la titration (0,1 mol/l) ; V: volume d'acide sulfurique ajouté en litres; MM : masse molaire de l'azote (14 g/mol) ; m: masse de la prise d'essai en g et le % de protéine = % d'azote total x 6,25 ; 6,25 étant le facteur de conversion.

II.10.5. Teneur en fibres

La teneur en fibres a été déterminée selon la méthode de De Pádua *et al.* (2004). Pour cela, 5 g de l'échantillon ont été digérés avec 200 ml HCl (5 %) pendant 30 minutes. Le mélange a été filtré puis lavé avec de l'eau chaude. Le résidu est digéré par 200 ml de NaOH (5 %) à reflux pendant 30 minutes. Le mélange est filtré puis lavé avec de l'eau. Il a été par la suite lavé avec 20 ml d'alcool éthylique et 20 ml d'éther éthylique. Le résidu a été séché à 100 °C pendant 2 heures et la masse résiduelle présente les fibres.

II.10.6. Teneur en matière grasse

La détermination de la teneur en matière grasse a été réalisée après extraction à l'hexane dans un système Soxhlet (AFNOR, 1986). L'extraction de la matière grasse pourrait aussi être effectuée selon plusieurs méthodes :

1) La méthode décrite par Folch *et al.* (1957) en utilisant un mélange de chloroforme/méthanol (v/v : 2/1). La phase organique a été récupérée dans un tube en verre et évaporée sous un flux d'azote. Une pincée de $MgCl_2$ a été ajoutée pour éliminer les traces d'eau.

2) La fraction lipidique des graines de plantes a été extraite avec un mélange de : isopropanol-chloroforme/37 % (v/v) HCl-0,9 % NaCl 10:10:10 v/v/v) et la phase organique a été évaporée sous un flux d'azote puis conservée à l'obscurité et à froid.

II.10.7. Caractérisation de l'huile d'avoine

II.10.7.1. Extraction de l'huile

L'huile d'avoine a été extraite par macération en présence de l'hexane. La phase organique a été récupérée puis évaporée sous un flux d'azote et conservée à l'obscurité et à froid.

II.10.7.2. Chromatographie sur couche mince

La séparation par chromatographie sur couche mince a été effectuée sur des plaques de Silica-gel 60 en verre dans un appareil de "HPTLC" (CAMAG AUTOMATIC TLC SAMPLER 4). La phase mobile utilisée pour entrainer les lipides neutres est un mélange de solvants composé d'éther de pétrole, d'éther diethylique et d'acide acétique (70:30:0,4 v/v/v)

(Mangold, 1961). Toutefois, la phase mobile utilisée pour les lipides polaires (les phospholipides) est un mélange de solvants composé de chloroforme, de méthanol, d'acétone, d'acide acétique et d'eau (100:20:40:20:10 v/v/v/v/v) (Lepage, 1967). Le dispositif de migration a été placé dans une cuve en verre fermée par un couvercle. Les échantillons dissous dans un solvant volatil (e.g. Chloroforme) ont été déposés ponctuellement sur la plaque. Les constituants des échantillons ont été élués par la phase mobile. La plaque a été ensuite révélée par le réactif de primuline. Le réactif de dittmer (à base de molybden) a été utilisé pour révéler les phospholipides.

II.10.7.3. Analyse des acides gras par chromatographique en phase gazeuse (CPG)

Les acides gras ont été analysés après transformation en esters méthyliques obtenus par transestérification des triglycérides en présence de la potasse méthanolique. Les esters méthyliques d'acides gras des échantillons ont été obtenus selon la méthode standard préconisée par le COI (2001). Pour cela, 2 ml d'heptane et 0,2 ml de KOH méthanolique (2 N) ont été ajoutés à 0,1 g de l'échantillon d'huile. Les acides gras peuvent être aussi méthylés par l'ajout de 530 µl d'hexane et 0,2 ml de KOH méthanolique (2 N) pour 20 µl d'échantillon d'huile. Après agitation pendant 30 secondes, la phase supérieure obtenue a été prélevée pour être analysée par chromatographie en phase gazeuse (SHIMADZU GC-9A).

II.10.7.4. Dosage des tocophérols par HPLC

La teneur en α-tocophérol est déterminée selon la méthode de Taamalli *et al.* (2012) en utilisant une chromatographie haute performance en phase liquide HPLC (Agilent Technologies, 1260) équipée d'une colonne Agilent technologies (10 x 250 mm). L'eau et l'acide acétique (5 %) constituent la phase mobile A et l'acétonitrile constitue la phase mobile B. La température de la colonne a été maintenue à 25 °C et le volume d'injection est de 10 µl.

II.10.8. Etude de l'effet de l'huile d'avoine sur la fertilité masculine

II.10.8.1. Modèle animal

Comme modèle animal expérimental, nous avons pris des souris mâles de poids corporel de 30 ± 3,0 g et d'âge voisin de 55 jours. Ceux-ci proviennent de l'animalerie de l'Institut de Recherche Vétérinaire de Tunisie (Centre de Sfax).

Matériel & Méthodes

II.10.8.2. Protocole expérimental

Au total, 32 souris mâles (répartis sur 4 groupes) ont été placés séparément dans des cages. L'expérimentation a été réalisée dans des conditions environnementales contrôlées. La température a été maintenue à 25 °C et l'alternance de période d'obscurité et de lumière est de 12 h/12 h (lumière/obscurité). Les animaux ont eu un accès *ad libitum* à l'eau et à la nourriture équilibrée. Le régime alimentaire des souris a été fourni par la société Animalia (Sfax, Tunisie). Il a été composé de: 26 % de soja, 45 % de maïs, 10 % d'orge, 15 % du son de blé et 4 % de complément minéral vitaminé.

II.10.8.3. Etude in vivo

L'étude de la toxicité a consisté à administrer de l'huile d'avoine (HA) aux souris par injection intrapéritonéale d'une dose de 0,5 ml chez cinq souris. Après 48 h, nous avons remarqué l'absence de mortalité, ce qui témoigne que cette dose n'est pas toxique. Par ailleurs, nous avons choisi de traiter les souris avec une dose de 6 g/kg du poids corporel (pc)/jour. La dose choisie pour la déltaméthrine (DEL) est de 5 mg/ kg pc/jour (≈ ¼ de la 50 % de la dose létale (DL_{50}) chez la souris) (Ben Slima *et al.*, 2013). Ainsi, les souris ont été réparties en quatre groupes:

Groupe 1: Souris témoins qui n'ont reçu aucun traitement;

Groupe 2: Souris ayant reçu la DEL à une dose de 5 mg/ kg pc / jour;

Groupe 3: Souris ayant reçu la DEL à une dose de 5 mg/ kg pc/jour et après 60 min, l'HA a été administrée à une dose de 6 g/kg pc/jour;

Groupe 4: Souris ayant reçu l'HA à une dose de 6 g/kg pc/jour.

Les groupes 2, 3 et 4 ont été traités par gavage en utilisant une sonde pendant 35 jours.

II.10.8.4. Sacrifice des souris traitées

Après 24 h du dernier jour de traitement, les souris ont été pesées juste avant leur sacrifice. Le sacrifice a toujours eu lieu le matin, par décapitation rapide pour éviter l'effet de stress (Ben Slima *et al.*, 2013).

II.10.8.5. Echantillonnage

Une ouverture large de la paroi abdominale est effectuée à chaque fois aux ciseaux le long de la ligne médiane afin de faciliter l'accès à certains organes. Les testicules et les épididymes ont été prélevés et débarrassés de leurs tissus adipeux. Les testicules ont été fixés dans le formol pour une étude histologique ultérieure. Cependant, les queues des épididymes ont été utilisées immédiatement pour l'étude des paramètres spermatiques.

II.10.8.6. Critères étudiés

II.10.8.6.1. Etude des paramètres spermatiques

Pour l'étude des paramètres spermatiques, la queue de l'épididyme a été placée dans 1 ml de tampon physiologique (Tampon Phosphate Salin, PBS) à une température de 37 °C, puis dilacérée à l'aide de pince brucelle. Après centrifugation (15 min à 1600 trs/min), le surnagent a été récupéré pour évaluer les différents paramètres spermatiques (mobilité, vitalité, morphologie et numération des spermatozoïdes). Ces paramètres ont été déterminés selon les directives de l'Organisation Mondiale de la Santé (WHO, 1999).

- *Mobilité totale*

C'est un examen microscopique d'une goutte de sperme de 10 à 20 µl entre lame et lamelle. L'analyse a consisté à évaluer le pourcentage de formes mobiles (Kvist et Bjorndahl, 2002).

- *Vitalité*

C'est le pourcentage de spermatozoïdes vivants (Lars & Trevor, 2010). Il a été évalué à l'aide d'un colorant vital, l'éosine. Le test a consisté à mélanger 20 µl de surnageant avec 20 µl d'éosine (10 %), puis 20 µl de nigrosine (1 %) ont été ajoutés pour réaliser un frottis. Après séchage à l'air libre, celui-ci est observé au microscope (grossissement X 100). Les spermatozoïdes morts présentent une tête colorée en rose car l'éosine traverse la membrane plasmique perméable. Les spermatozoïdes vivants présentent au contraire une tête incolore car leur membrane intacte est imperméable à l'éosine et contraste avec le fond de la lame colorée en bleu par la nigrosine. Enfin, 100 spermatozoïdes ont été analysés afin de déterminer le pourcentage des spermatozoïdes vivants.

- *Morphologie*

Il s'agit de faire un frottis de spermes colorés à l'aide de l'éosine. L'analyse comporte une observation de 100 spermatozoïdes afin de déterminer les différentes anomalies. Les spermatozoïdes ont été classés selon les critères de Wyrobek et Bruce (1975).

- *Numération*

C'est la concentration en spermatozoïdes qui a été évaluée par comptage immédiat dans une cellule de Malassez.

II.10.8.6.2. Etude histologique

Matériel & Méthodes

L'étude histologique a été réalisée au sein du Service d'Anatomie Pathologique de l'Hôpital Régional Habib Bourguiba (Sfax). Les testicules ont été traités comme suit :

- *Fixation*

Les testicules ont été fixés au formol (10 %) juste après leur prélèvement afin d'assurer une conservation et un durcissement optimal des structures tissulaires.

- *Déshydratation*

La déshydratation a été réalisée par un passage de l'échantillon dans différents bains de formol, d'alcool et de toluène, respectivement. Cette étape de substitution de l'eau est nécessaire pour la suite du travail.

- *Inclusion*

Il s'agit de mettre en bloc les fragments afin de faciliter la confection des coupes. L'inclusion (enrobage) a été faite en plaçant les fragments dans des moules en plastique préalablement remplies de paraffine liquéfiée à 56 °C, tout en attribuant un numéro de référence à chaque fragment. Après refroidissement, les blocs de paraffine se solidifient.

- *Microtomie*

C'est l'étape de confection des coupes fines de 3 à 4 µm d'épaisseur à l'aide d'un microtome après le refroidissement des blocs de paraffine. Les coupes récupérées ont été déposées sur une lame de verre partiellement couverte d'une solution d'albumine à 0,1 % afin d'assurer leur adhérence. Ensuite, les coupes ont été séchées dans l'étuve à 37 °C pendant 24 h.

- *Coloration*

La coloration a été réalisée après déparaffinage des coupes dans deux bains successifs de toluène pendant deux heures. Ensuite, ces coupes ont subi une réhydratation dans deux bains successifs d'alcool à concentration décroissante puis à l'eau. Les lames ont été, par la suite, trempées pendant une minute dans un bain d'hématoxyline qui colore en violet les structures basophiles (noyaux). Les lames ont été lavées à l'eau et immergées pendant quinze minutes dans un bain d'éosine pour favoriser la coloration en rouge des structures acidophiles (cytoplasme).

II.10.9. Analyses statistiques

Les analyses statistiques ont été effectuées en utilisant le logiciel Prism version 5 (Graph Pad software, Inc. La Jolla, CA, USA). Les différences entre le témoin et les groupes DEL, DEL+HA et HA sont visualisées par une analyse de variance (ANOVA), suivie par des comparaisons par paire entre les différents groupes en utilisant le test de Tukey. Les différences à $p < 0,05$ étaient considérées comme significatives.

II.11. Cycle d'élevage des poulets de chair

II.11.1. Etapes de préparation

Pour préparer le bâtiment de l'élevage des poulets de chair, plusieurs étapes sont indispensables pour satisfaire une bonne qualité du produit fini. Ces étapes sont classées comme suit:
- Une désinsectisation;
- Un démontage du matériel tel que les éleveuses, les abreuvoirs et les mangeoires;
- Une élimination de la litière;
- Un dépoussiérage;
- Un nettoyage et une désinfection du bâtiment et du matériel;
- Un étalement de la litière avec une épaisseur de 5 à 10 centimètres selon la saison;
- Une mise en place des grillages avec une utilisation de grillage ayant comme dimension 80 cm pour la largeur et 140 cm pour la longueur au bout des premiers 22 jours, et au-delà du jour 22, la surface des compartiments a été augmentée en changeant les grillages par d'autres de longueur 140 cm et de largeur 100 cm.

Nous avons assuré également le chauffage (avant 24 heures), l'éclairage, l'alimentation (eau + nourriture) et la ventilation.

II.11.2. Mise en place des poussins

La réception des poussins a été accompagnée:
- D'une élimination des sujets morts et d'un rassemblement des sujets malades et chétifs. D'ailleurs, les poussins qui ont fait l'étude, étaient des souches du type (Arbor Acres ++). Leur poids moyen lors de la réception est de l'ordre de 44,35 g.

Lors de l'élevage, plusieurs paramètres ont été réglés, à savoir:
- La ventilation et la température;
- La densité (le nombre de sujets par m^2);
- L'humidité relative (comprise entre 40 à 75);
- Les teneurs du gaz toxique qui n'ont pas dépassé 20 ppm pour les jeunes animaux et 40 ppm pour ceux adultes;
- L'éclairage.

II.11.3. Alimentation des poulets de chair

Trois types de traitements ont été utilisés :
- (A) le lot témoin dont l'alimentation est exempte d'avoine;

- (B) le lot où l'alimentation contenant 10 % d'avoine;
- (C) le lot où l'alimentation contenant 20 % d'avoine.

L'avoine, ajoutée à l'aliment, est fournie par le centre de collecte El Rahma (Route de Gabes, Sfax) sous forme de graines conditionnées dans des sacs de 70 kg et broyées à l'aide d'un broyeur électrique. Cependant, l'aliment composé utilisé pour cette étude est fourni par la société Medimix (Route Mahdia km10, Sfax) sous forme de sacs de 50 kg.

II.12. Impact de l'avoine sur les poulets de chair

II.12.1. Impact de l'avoine sur les paramètres zootechniques

II.12.1.1. Mortalité

Chaque semaine, un suivi de la mortalité a été fait par le calcul des sujets morts pour chaque lot.

II.12.1.2. Consommation alimentaire

Chaque semaine, un suivi de la consommation des aliments composés par les animaux a eu lieu le long de toute la période d'essai.

II.12.1.3. Croissance

Afin de suivre la croissance des poulets, une pesée hebdomadaire a été réalisée à l'aide d'une balance électronique.

II.12.1.4. Paramètres à calculer

Le taux de mortalité, le gain moyen quotidien, la quantité moyenne ingérée par sujet et par jour ainsi que l'indice de consommation ont été déterminés par les relations suivantes:

❖ **Taux de mortalité (%)**

$$\text{Taux de mortalité (\%)} = \frac{\text{Nombre de sujets morts}}{\text{Nombre initial des sujets}} \times 100$$

❖ **Gain moyen quotidien (GMQ)**

$$(GMQ)(g/j) = \frac{\text{Poids du poulet de la pesée (i)} - \text{poids du poulet de la pesée (i-1)}}{\text{Nombre de jours séparant les deux pesées}} \quad (i : \text{la ième période})$$

❖ **Quantité moyenne ingérée par sujet et par jour (Q_{moy}/j/s)**

$$Q_{moy}(g/j/s) = \frac{\text{Quantité d'aliment consommé par semaine (g)}}{\text{Nombre de sujets vivants}}$$

Matériel & Méthodes

❖ **Indice de consommation (IC)**

$$IC = \frac{\text{Quantité ingérée d'aliment (g) au cours d'une semaine/ sujet}}{\text{Gain de poids au cours de la même semaine/ sujet}}$$

II.12.2. Analyse de la fiente de volailles

La teneur en matière sèche de la fiente de volailles a été calculée chaque semaine durant 37 jours. Cette teneur est donnée par la relation suivante : $MS = \frac{ms}{mh} \times 100$

Soit :

m_h : masse humide de l'échantillon en g;

m_s : masse sèche de l'échantillon en g ; $m_s = m - m_0$;

m : masse du creuset + m_s en g;

m_0 : masse du creuset vide en g.

II.12.3. Impact de l'avoine sur les paramètres de la carcasse

La mesure du poids de la carcasse a été faite avant et après abattage et après avoir fait subir aux poulets une diète hydrique pendant 6 heures. Le pourcentage du poids de la carcasse froide par rapport au poids vif est établi par la relation suivante :

$$\% \text{ carasse froide (g/kg PV)} = \frac{Pcf}{PV} \times 100$$

Soit :
- PV : poids vif (g); c'est le poids de l'animal vivant contrôlé juste avant l'abattage;
- Pcf : poids de la carcasse froide (g); obtenu après ressuyage et refroidissement de la carcasse pendant 24 heures et à 4 °C.

Résultats & Discussion

Chapitre 1

Valorisation biotechnologique des extraits enzymatiques de l'avoine (*Avena sativa* L.)

Contexte de l'étude

Les potentialités offertes par les enzymes végétales ne sont plus à démontrer du fait de leurs avantages dans plusieurs applications (alimentaires et nutraceutiques). L'avoine (*Avena sativa* L.) est une graminée abondante dans divers pays d'Europe et d'Amérique, et elle est aussi cultivée en Tunisie surtout dans le Nord et le Centre du pays. Certes, au cours de la germination, l'avoine produit des quantités importantes d'enzymes hydrolytiques pour maintenir sa croissance. Les amylases se mettent en place pour dégrader les réserves d'amidon stockées dans les graines au cours de la germination de l'avoine. Actuellement, le génome de l'avoine n'est pas encore séquencé. L'identification de nouvelles séquences enzymatiques de l'avoine va présenter des débouchés intéressants pour, d'une part, caractériser davantage les gènes d'avoine et, d'autre part, pour dépister l'avantage de l'utilisation des enzymes végétales dans le secteur industriel (panification).

De nos jours, il existe également une demande croissante de produits biotechnologiques de faible coût. Les objectifs de chapitre 1 de cette thèse sont (i) de fournir des amylases dans les extraits bruts non purifiés pour minimiser les coûts de leur production pour une application dans la formulation du pain, (ii) d'identifier l'enzyme la plus active parmi l'extrait d'avoine enrichi en activité amylolytique afin de déterminer ses propriétés physico-chimiques et biochimiques par le séquençage *de novo*, des approches protéomique et génomique et (iii) de justifier leur application biotechnologique (panification) en les valorisant économiquement.

Dans ce chapitre, nous présentons nos résultats sur l'optimisation des conditions d'extraction des amylases de l'avoine moyennant la méthodologie du plan d'expériences de type Box Behnken. Les paramètres physico-chimiques de l'extrait amylolytique d'avoine ont été caractérisés. L'intérêt de cet extrait dans la formulation du pain a été accentué. Les approches proétomiques, génomiques et bio-informatiques ont été servies pour identifier une nouvelle séquence de *beta*-amylase d'avoine. Les résultats sont présentés dans les deux articles, précédés par leurs résumés en français. Dans l'article 1, sont rapportés les résultats concernant l'optimisation de l'extraction des amylases au cours de la germination des graines d'avoine et leurs effets sur la qualité du pain. Dans l'article 2, sont rapportés les résultats complémentaires concernant l'identification d'une nouvelle séquence de *beta*-amylase présente dans l'extrait d'avoine.

Partie I:

Optimisation des conditions d'extraction d'enzymes amylolytiques de l'avoine et leur impact sur les propriétés du pain

(Article 1)

Optimized amylases extraction from oat seeds and its impact on bread properties

N. Ben Halima, M. Borchani, I. Fendri, B. Khemakhem, D. Gosset, P. Baril, C. Pichon, M.A. Ayadi, S. Abdelkafi.

International Journal of Biological Macromolecules 72 (2015) 1213–1221.

Inroduction

Les plantes constituent un réservoir de molécules bioactives. Par ailleurs, les recherches sur leur mécanisme fonctionnel, leur structure et surtout leurs propriétés catalytiques, ont permis d'identifier des milliers d'enzymes, près de 2500 de biocatalyseurs différents (Larreta-Garde, 1997). Les enzymes sont connues qu'elles catalysent la quasi-totalité des réactions biochimiques du monde des vivants et elles sont ainsi très prometteuses pour améliorer les rendements et les produits de différentes applications. D'ailleurs, les enzymes permettent de diminuer l'énergie d'activation des réactions biochimiques, sont donc des catalyseurs qui augmentent la vitesse de ces réactions sans subir aucune transformation de leurs structures initiales. Le développement de ces biocatalyseurs a commencé dès les 20ième siècle. Leur utilisation est en expansion continue et elles sont employées actuellement de façon croissante dans les hautes technologies de ce siècle. Les enzymes brutes ou partiellement purifiées pourront être utilisées pour des besoins industriels vus ses faibles coûts de production. Ainsi, l'utilisation de la catalyse enzymatique pour des applications commerciales est un domaine excitant de la biotechnologie blanche (biotechnologie industrielle).

La recherche de nouvelles sources d'enzymes à partir de plantes, qui sont abondantes et relativement moins chères, est d'un grand intérêt et surtout lorsque que les enzymes trouvées seraient d'un apport exogène pour améliorer la qualité des produits qu'on désire obtenir.
L'utilisation des enzymes qui dégradent les polysaccharides est très intéressante pour plusieurs applications telles que l'industrie alimentaire de production de sirops de glucose ou celle de la panification (Muralikrishna et Nirmala, 2005; Van der Maarel *et al.*, 2002). Les enzymes amylolytiques représentent 30 % de la production mondiale des enzymes (Van der Maarel *et al.*, 2002).

Uno-Okamura *et al.* (2004) ont réussi à identifier et purifier une amylase des graines germées de l'avoine. De même, Fendri *et al.* (2013) ont dépisté une activité importante en activités amylolytiques au cours d'étapes de germination de l'avoine (*Avena sativa*). Ces recherches nous ont permis de présumer que l'espèce ciblée (*Avena sativa*) pourrait constituer des réserves intéressantes d'enzymes dégradant les polysaccharides et plus particulièrement les amylases.

Au cours de notre étude, la méthodologie de plan d'expériences de type Box behnken a été utilisée avec succès pour déterminer les conditions optimales d'extraction d'enzymes amylolytiques des graines d'*Avena sativa*. Ce type de plan d'expériences a été déjà adopté pour de telle application dans le cas du fenugreek (Khemakhem *et al.*, 2013). Ainsi, après avoir déterminé les conditions optimales d'extraction qui se sont avérées en faveur d'un rapport de masse de graines par le tampon d'extraction de 0,1 au bout de 10 jours de germination des graines d'avoine, l'extrait résultant a été caractérisé et il a été l'objet d'une application dans la formulation du pain traditionnel tunisien avec l'ajout de trois concentrations croissantes. D'une part, l'extrait d'avoine enrichi en activité amylolytique dont l'optimum de pH était de 5,6 et la température optimale d'activité était de 55°C, pourrait constituer un additif alimentaire pour améliorer les différents paramètres texturaux testés (dureté, élasticité). En effet, l'ajout d'amylase a permis de libérer des sucres simples plus facilement assimilables par la levure boulangère générant ainsi de grande quantité de CO_2 agissant sur le volume du pain. D'autre part, les analyses sensorielles ont montré que le panel de dégustation a plu le pain avec une concentration importante en extrait d'avoine (0, 48 U/g). Toutes ces observations ont été complimentées par la microscopie confocale à trois dimensions qui vient consolider l'importance de l'extrait d'avoine dans les utilisations alimentaires.

Article 1

Optimized amylases extraction from oat seeds and its impact on bread properties

Nihed Ben Halima, Maha Borchani, Imen Fendri, Bassem Khemakhem, David Gosset, Patrick Baril, Chantal Pichon, Mohamed Ali Ayadi, Slim Abdelkafi

International Journal of Biological Macromolecules 72 (2015) 1213–1221.

Optimisation des conditions d'extraction d'enzymes amylolytiques de l'avoine et leur impact sur les propriétés du pain

Résumé

Les graines germées de l'avoine (*Avena sativa* L.) sont à l'origine de plusieurs enzymes indispensables à leur germination. Les hydrolases est en particulier les amylases catalysent l'hydrolyse de l'amidon qui est la source majoritaire de réserve dans la graine. Des approches statistiques permettent l'optimisation des conditions d'extraction de l'activité amylolytique. En effet, la méthodologie de la surface des réponses a été étudiée par le biais du plan d'expérience de type Box Behnken. Les résultats ont abouti aux conditions optimales suivantes : rapport graine /volume de tampon 0,1 ; jours de germination 10 ; température 20°C et pH 5,6. Moyennant ces conditions optimales, l'extraction de l'activité amylase des graines germées de l'avoine a été estimée à 91 U/g. En outre, une caractérisation physico-chimique de l'extrait d'avoine optimisée a conduit à déterminer le pH et la température maximale d'activité qui sont de l'ordre de 5,6 et 55 °C, respectivement. Par la suite, un essai de l'incorporation de cet extrait dans la formulation du pain a été effectué pour améliorer les qualités sensorielles, organoleptiques et les propriétés texturales du produit frais et stocké. La microscopie confocale à trois dimensions a confirmé ces derniers résultats. En conclusion, l'incorporation de l'extrait d'avoine contenant l'activité amylolytique a révélé avec succès des évolutions des caractéristiques de la panification.

Partie II:

Identification d'une nouvelle *beta*-amylase de l'avoine par la protéomique fonctionnelle

(Article 2)

Identification of a new oat β-amylase by functional proteomics

N. Ben Halima, B. Khemakhem, I. Fendri, P. Baril, C. Pichon, S. Abdelkafi.

Biochimica et Biophysica Acta 1864 (2016) 52–61.

Introduction

La reconnaissance de différents propriétés des amylases et leurs mécanismes d'action est nécessaire pour déterminer la qualité du produit fini, qui, par exemple, dans le cas du pain, les amylases de type exo (*beta*-amylase ou *alpha*-amylase maltogénique) sont très conseillées par rapport à celles de types endo (*alpha*-amylase) du fait que les exo ne touchent pas la structure interne de la farine de blé. Par conséquent, elles améliorent les paramètres texturaux (élasticité et dureté) du produit fini et elles peuvent être le principal additif pour prévenir le rancissement du pain et donc améliorer la conservation de ce produit (Goesaert *et al.*, 2009).

Dans ces dernières décennies, le développement rapide des méthodes analytiques modernes telles que la chromatographie liquide à haute performance, la spectrométrie de masse et les outils bioinformatiques ont considérablement contribué au progrès de l'enzymologie. Cependant, aucune investigation enzymatique en termes d'identification de la séquence génique d'une amylase en rapport avec l'avoine n'avait été réalisée auparavant.

En se basant sur le fait que les gènes d'un organisme vivant contiennent l'information génétique nécessaire à la fabrication des enzymes, le séquençage des gènes et en particulier le séquençage *de novo* ainsi que les outils de la bioinformatique pourraient être un moyen très efficace pour identifier des séquences plus longues voire complètes de protéines.

Ainsi, nous avons réussi dans cette partie de la thèse d'identifier pour la première fois une séquence d'acides aminés dans le génome de l'avoine reconnue comme une *beta*-amylase.

Article 2

Identification of a new oat β-amylase by functional proteomics

Nihed Ben Halima, Bassem Khemakhem, Imen Fendri, Patrick Baril, Chantal Pichon, Slim Abdelkafi,

Biochimica et Biophysica Acta 1864 (2016) 52–61.

Identification d'une nouvelle β-amylase de l'avoine par la protéomique fonctionnelle

Résumé

Les graines germées de l'avoine (*Avena sativa* L.) comportent plusieurs activités catalytiques et en particulier les amylases. L'extrait d'avoine a fait l'objet d'une électrophorèse dans les conditions dénaturantes (SDS-PAGE) et une bande protéique majeure a été identifiée dont la masse moléculaire apparente a été estimée à 53 kDa. En effet, toutes les bandes protéiques majoritaires issues du gel d'électrophorèse ont été excisées et digérées par la trypsine pour être analysées par la suite par une chromatographie liquide couplée à une spectrométrie de masse en tandem de haute résolution (LC/MS^2) et identifiées à travers les bases de données. Les séquences obtenues ont été utilisées pour identifier un ADNc partiel à partir des étiquettes de séquences exprimées (ESTs) d'*Avena sativa* L. En utilisant ces ESTs, une séquence génique complète a été identifiée dans le génome de l'avoine correspondant à 1464 pb qui code pour une protéine de 488 acides aminés (*AsBAMY*) avec une masse moléculaire théorique de 55 kDa. L'analyse de séquence a montré qu'*AsBAMY* est une *beta*-amylase et sa structure primaire est similaire avec les autres *beta*-amylases des autres céréales tels que celles du blé (*Triticum aestivum*), de l'orge (*Hordeum vulgare*), ou bien du seigle (*Secale cereale*) avec deux résidus conservés d'acide glutamique (E184 et E378) qui contribuent au processus catalytique des *beta*-amylases. En outre, la structure tridimensionnelle d'*AsBAMY* a montré bien qu'elle partage la même forme en tonneau de $(\beta/\alpha)_8$ commune pour la plupart des *beta*-amylases des céréales et que le site actif se situe à l'extrémité de ce tonneau suggérant l'accessibilité du substrat et en particulier dans ses extrémités non réductrices ce qui confirme le résultat qu'*AsBAMY* agit comme une exo-hydrolase.

Mots clés : *Avena sativa* L., *Beta*-amylase, Spectrométrie de masse, Outils bioinformatiques.

Chapitre 2

Effet préventif de l'huile d'avoine : étude *in vivo* de l'infertilité masculine causée par la déltamethrine (Article 3)

Contexte de l'étude

L'avoine contient une quantité importante en lipides. Une teneur allant de 3 à 18 % peut être quantifiée. Cette teneur est très élevée par rapport à celle des autres céréales couramment utilisées dans notre alimentation comme le blé ou l'orge. Evidemment, le potentiel antioxydant de l'huile d'avoine sera intéressant pour lutter contre les dommages du stress oxydant.

Dans ce chapitre, nous présentons nos résultats sur l'étude de la fraction lipidique de l'avoine et sa richesse en antioxydants. Les lipides d'avoine sont riches en triacylglycérols (Montealegre *et al.*, 2012). Les acides gras estérifiés sur ce dernier sont majoritairement des acides gras insaturés (l'acide oléique (C18 :1) et l'acide linoléique (C18 :2)) (Martinez *et al.*, 2010). Ces acides gras sont très avantageux pour des applications nutraceutiques. L'avoine contient aussi de bonne quantité en lipides polaires (phospholipides et galactolipides) (Kaimainen *et al.*, 2012). Ces lipides confèrent de nombreuses propriétés nourrisantes et techno-fonctionnelles. Elles peuvent être utilisées comme des agents moussants ou émulsifiants pour les applications alimentaires ou nutraceutiques. Egalement, l'huile d'avoine est riche en tocophérol (vitamine E) (Peterson, 2001) doté d'activités très prometteuses contre le stress oxydant. L'huile d'avoine a été testée dans le cas d'une reprotoxicité masculine causée par la deltamethrine (DEL) qui est un pesticide couramment utilisé en agriculture.

Les résultats sont présentés dans l'article 3 qui est précédé par un résumé en français.

Introduction

L'exposition à la pollution atmosphérique (hydrocarbures, métaux lourds), aux xénobiotiques présents dans ou à proximité de notre alimentation (pesticides, phtalates, etc.), aux radiations sont des sources de stress oxydant affectant la fertilité (Tremellen, 2008; Agarwal et al., 2003; Aitken et al., 2006). Certaines altérations de la qualité spermatique sont qualifiées de signes sentinelles d'un stress oxydant. Par ailleurs, on note durant les deux dernières décennies, notamment dans les pays en développement, une forte augmentation de l'infertilité masculine. En effet, des études récentes suggèrent qu'un stress oxydant soit impliqué pour environ la moitié des patients, entraînant un taux élevé de dommages oxydatifs de l'ADN des spermatozoïdes car il diminue la concentration de spermatozoïdes, leur mobilité et leur capacité à pénétrer dans un ovule. D'ailleurs, les spermatozoïdes contiennent beaucoup d'acides gras insaturés, particulièrement sensibles au stress oxydatif.

L'infertilité masculine exige des analyses approfondies du sperme pour déterminer les origines du problème et de pouvoir offrir un traitement efficace. Les paramètres principaux étudiés actuellement comprennent plusieurs niveaux : la mobilité, la morphologie et la concentration du sperme. Le stress oxydant dans le sperme est la cause principale de la fragmentation de l'ADN. Une supplémentation alimentaire en vitamines E et en micronutriments tels que le zinc et le sélénium, améliore la qualité des spermatozoïdes en diminuant la fragmentation de l'ADN et la peroxydation lipidique membranaire et augmente ainsi le taux de grossesses (Argawal et al., 2008; Eskenazi et al., 2005; Greco et al., 2005).

Les huiles végétales sont d'utilisation courante dans le monde entier pour plusieurs applications. Surtout contre le stress oxydant qui est le foyer de plusieurs maladies, les huiles végétales et essentielles sont souvent des attaquants forts de l'oxydation.

L'huile d'avoine est déjà décrite par sa richesse en tocophérols (Peterson & Qureshi, 1993). Ces vitamines sont dotées d'une activité antioxydante et ont la capacité de neutraliser les produits du stress oxydant (les espèces réactives de l'oxygène) et de réinitialiser les niveaux d'antioxydants endogènes (Astiz et al., 2013). De nombreuses causes sont associées au stress oxydant tels que la pollution atmosphérique, les radiations, le stress et les pesticides.

Dans le cadre de ce chapitre, nous avons extrait et caractérisé l'huile d'avoine qui s'est avérée riche en tocophérols (164 ppm). Cette importante teneur nous a permis à penser à tester son effet sur la fertilité des souris mâles qui a été perturbée sous l'effet d'un pesticide couramment utilisé en Tunisie, la déltamethrine (DEL). Grâce à la richesse en antioxydants, les huiles essentielles de *Pelargonium graveolens* ont été efficaces pour diminuer l'effet de la DEL qui a causé des dommages testiculaires chez des souris mâles (Ben Slima *et al.*, 2013).

En outre, les huiles essentielles ou végétales contiennent de l'α-tocophérol qui empêche les effets néfastes de la surproduction des espèces réactives oxygénées. En effet, ces derniers engendrent comme déjà mentionné des dommages membranaires des spermatozoïdes ce qui diminue leur viabilité (Baumber, 2000; Agarwall et Said, 2005), leur motilité à cause de la chute de l'ATP intracellulaire ainsi que l'initiation de la peroxydation lipidique qui provoque des anomalies morphologiques des spermatozoïdes (Verma et Kanwar, 1999; Ball, 2008). En plus, des études antérieures ont montré une action positive protectrice de la vitamine E contre la peroxydation lipidique dans le sperme de chevaux (Vasconcelos Franco *et al.*, 2013).

Ainsi, nous avons montré dans cette partie de la thèse que, d'une part, l'huile d'avoine à une dose de 6 g/ kg de poids corporel de souris n'a pas été toxique pour ces animaux, et d'autre part, cette dose a été efficiente pour régler les signes de la reprotoxicité masculine. De ce fait, le nombre et la mobilité des spermatozoïdes (spz) ont été aux niveaux comparables avec ceux normaux et la morphologie anormale des spz a été significativement réduite. Les paramètres biochimiques aux niveaux des testicules ont montré que l'huile d'avoine a abaissé également le taux de la peroxydation lipidique et les taux des enzymes de stress. Enfin, les études histologiques ont consolidé ces derniers résultats du fait qu'autant l'huile d'avoine est utilisée, mieux la réparation au niveau des tissus testiculaires a été observée.

Article 3

Protective effects of oat oil on deltamethrin-induced reprotoxicity in male mice

Nihed Ben Halima, Ahlem Ben Slima, Imen Moalla, Hamadi Fetoui, Chantal Pichon, Radhouane Gdoura and Slim Abdelkafi

Food & Function, 2014, 5, 2070–2077.

Effets protectifs de l'huile d'avoine dans la reprotoxicité induite par la deltaméthrine chez des souris mâles

Résumé

L'avoine cultivée (*Avena sativa* L.) est une plante de la famille des *Poaceae*. Elle contient des teneurs considérables en huile comestible de très bonne qualité. Elle est riche en acides gras polyinsaturés et en tocophérols notamment la vitamine E. L'huile d'avoine a été testée contre la reprotoxicité masculine causée par la deltaméthrine (DEL) qui est un pesticide de la famille des pyrethroides. Une étude *in vivo* sur des groupes de souris mâles montre que la DEL seule avec une dose de 5 mg / kg de poids corporel a engendré des dommages testiculaires. Ces dommages sont le résultat d'un stress oxydatif. Une diminution significative du nombre de spermatozoïdes, de leur mobilité et une augmentation significative de leur morphologie anormale ont été décrites. La peroxydation lipidique (test MDA) a été très élevée dans les testicules des groupes de souris qui ont administré la DEL comparés à ceux du contrôle. La co-administration de l'huile d'avoine (avec une dose de 6 g/ kg de poids corporel) aux souris traitées par la DEL a permis d'améliorer les dommages testiculaires. Les essaies histologiques ont prouvé ce résultat. En conclusion, l'huile d'avoine peut être considérée comme un antioxydant potentiel et un agent préventif de la reprotoxicité masculine.

Chapitre 3

Effets de l'ajout de l'avoine dans l'alimentation des poulets de chair sur les performances zootechniques et la qualité de la viande
(Article 4)

Oat (*Avena sativa* L.) in diets for broilers: effects on the productive performance, meat texture and the production of polyunsaturated fatty acids.

Ben Halima, N., Mallek, Z., Frikha, R., Frikha, L., Barkallah, M.; Ayadi, M.A., Attia, H.; Abdelkafi, S. & Fendri, I. (2015). *Lipids in Health and Disease* (Soumis).

Contexte de l'étude

L'agriculture et en particulier la filière céréalière a pour mission de répondre aux besoins quotidiens de la nourriture des Hommes, des animaux et de participer à créer de nouvelles filières en valorisant ses produits.

Le secteur avicole occupe une place prépondérante dans l'économie tunisienne. Il représente la source de protéines la plus importante de point de vue cycle de production et la moins chère relativement aux autres sources de protéines animales telles que les protéines des viandes rouges et des poissons. Plusieurs intervenants : vétérinaires, ingénieurs agronomes et industriels cherchent les possibilités d'améliorer les rendements et la qualité des produits du secteur avicole.

Cette étude consiste à étudier l'impact de l'addition d'additifs naturels dans l'alimentation des poulets de chair. Nous avons complémenté l'alimentation des poulets par une céréale, l'avoine, du fait de la richesse des graines d'avoine en polysaccharides, protéines, lipides et antioxydants, tout en respectant le rapport énergéntique de l'aliment fini.

La production mondiale de viande de volailles est de l'ordre de 104 millions de tonnes en 2012 (ITAVI, 2013). En Tunisie, le secteur avicole assure l'approvisionnement du pays en viandes à raison de 50 % du total des viandes soit une production de 159 960 tonnes en 2010 (GIPAC, 2013). La consommation par habitant et par an est de 15,1 kg. Il est à signaler qu'en 2009, le niveau de consommation était de 13,8 kg/habitant/an, soit un taux d'accroissement de 8,6 % (GIPAC, 2013). Donc, la consommation de viandes de volailles augmente continuellement dans le monde et en particulier en Tunisie. Cette augmentation annuelle de la consommation de viande blanche a incité les chercheurs à la recherche d'une qualité meilleure et à un prix moindre des aliments composés dans le but d'améliorer les performances zootechniques et la qualité organoleptique et nutritionnelle (protéines, acides gras..) de la viande.

De façon générale, les industriels cherchent à améliorer l'indice de conversion des poulets de chair. Ainsi, la valeur de cet indice sera idéale en Tunisie quant elle s'approche de 1,7 (rapport de la quantité d'aliments consommés sur le poids des poulets) pendant une période bien déterminée. Néanmoins, dans le cas de 0 % de mortalité, l'indice de conversion est aussi appelé indice de consommation.

L'avoine cultivée (*Avena sativa* L.) est une source de nutriments à potentiel économique assez important vue son prix compétitif dans le marché mondial. A cet égard, le régime des poulets de chair représente une cible intéressante et avantageuse de l'industrie de volailles en Tunisie. En effet, un producteur cherche toujours à minimiser le coût des aliments, améliorer les performances de ses poulets, et aussi à satisfaire les exigences du consommateur qui cherche une viande de bonne qualité sanitaire, diététique et organoleptique. Dans ce cadre, l'avoine a été ajoutée à l'alimentation des poulets de chair à des concentrations de 10 ou 20 % et a été évaluée pour son efficacité sur le rendement de la production, les performances zootechniques des poulets ainsi que sur la qualité organoleptique de la viande.

Cette étude nous a montré l'importance de l'utilisation de l'avoine cultivée, comme un additif alimentaire pour les poulets de chair, dans le cadre d'un programme complet de contrôle de la performance de la croissance des poulets et de l'amélioration de la qualité de la viande.

Les résultats sont présentés dans l'article 4 précédé par un résumé en français.

Article 4

Oat (*Avena sativa* L.) in diets for broilers: effects on the productive performance, meat texture and the production of polyunsaturated fatty acids

Nihed Ben Halima, Zouhir Mallek, Rim Frikha, Lotfi Frikha, Mohamed Barkallah, Mohamed Ali Ayadi, Hamadi Attia, Slim Abdelkafi & Imen Fendri

Soumis. (2015).

Effets de l'ajout de l'avoine dans l'alimentation des poulets de chair sur les performances zootechniques, la texture de la viande et la production des acides gras polyinsaturés

Résumé

Les graines d'avoine cultivées (*Avena sativa* L.) sont une source potentielle de nutriments et d'huile de valeur alimentaire. Le but de ce travail consiste à enrichir l'aliment de base en avoine dans le secteur des volailles et en particulier celui des poulets de chair puisque ce dernier a une grande place économique dans notre pays. Les graines d'avoine ont été ajoutées aux aliments des poulets à raison de 10 et 20 % et l'évaluation des performances zootechniques et la qualité des viandes de poulets de chair a été enregistrée. En effet, l'ajout de 10 % d'avoine dans l'aliment de base a amélioré significativement le gain moyen quotidien et l'indice de conversion en comparaison avec le controle (aliment de base sans l'ajout d'avoine). Les paramètres organoleptiques de la viande blanche des poulets de chair ont été améliorés suite à l'ajout de 10 et 20 % d'avoine dans leur aliment de base. De ce fait, la texture de la viande des poulets et sa teneur en omega-3 ont été améliorées par rapport au controle. Cette étude a pu mettre en exergue l'influence positive et significative de l'ajout d'avoine dans l'aliment de base des poulets de chair et, par conséquent, la performance de la croissance des poulets et la qualité de la viande (texture et richesse en acides gras essentiels) deviennent de plus en plus très recherchées aussi bien par les consommateurs que par les industriels.

Mots clés : Avoine (*Avena sativa* L.), Aliments, Poulets de chair, Performance zootechnique, Qualité de la viande, Acides gras.

Synthèse générale

Synthèse générale

La filière céréalière occupe une place prépondérante dans l'économie tunisienne. Les céréales présentent une source de nutriments à potentiel économique assez important vue leur prix compétitif dans le marché mondial. Ces graines représentent près de 70 % de l'alimentation mondiale (Bewley *et al.*, 2013).

L'avoine (*Avena sativa* L.) est une plante herbacée, de la famille des Poacées. En 2013, la production mondiale de l'avoine est estimée à 21 millions de tonnes dont la Russie est le pays le plus producteur. De ce fait, l'avoine occupe la septième place dans la production mondiale des céréales après le blé, le maïs, le riz, l'orge, le sorgho et le millet. Aujourd'hui, l'avoine est une plante importante dans les cultures agricoles de divers pays d'Europe et d'Amérique du Nord. En Tunisie, l'avoine est une graminée cultivée essentiellement dans le Nord et le Centre du pays. C'est une culture bien enracinée dans la tradition des petits agriculteurs. C'est le fourrage prédominant en Tunisie et c'est l'espèce la plus utilisée comme du foin sec et ensilage. Par conséquent, l'avoine est exploitée principalement pour l'alimentation des animaux notamment les bétails, les volailles et les chevaux.

L'avoine est aussi une bonne source de divers composés bioactifs, par exemple des antioxydants comme la vitamine E, l'acide phytique et des composés phénoliques (Peterson, 2001). Ses graines constituent une source majeure de réserve de lipides. Cette graminée rentre dans la composition de plusieurs sortes de produits à destination humaine (des céréales de petit déjeuner, des bouillies, des biscuits sucrés ou salés, des pains, des boissons, des protéines texturées et des aliments pour bébé). La recherche sur les effets bénéfiques de l'avoine est de plus en plus intéressante. Des études supplémentaires doivent être fournies pour aider à construire le génome complet de l'avoine.

A l'état physiologique normal, il existe un équilibre entre la production d'Espèces Réactives générées notamment celles de l'oxygène (ERO ou en anglais ROS) et les systèmes antioxydants. Le stress oxydant est le résultat d'un déséquilibre entre le système pro-oxydants et celui anti-oxydants, sous les effets de stimuli pathologiques endogènes (hypertension, diabète, etc.) et/ou exogènes (polluants environnementaux: métaux lourds, concentration élevée en NaCl, etc.). Ce déséquilibre est alors provoqué soit par une production anormale de ROS soit par une pénurie de défenses antioxydants. Le stress oxydant est à l'origine d'altérations moléculaires et de dommages cellulaires (peroxydation lipidique, oxydation de l'ADN, etc.).

Par ailleurs, la production de ROS fait partie intégrante de la chaine respiratoire et du métabolisme en plus de son rôle important de régulateur du développement et de signalisation. Ces molécules sont impliquées dans plusieurs réponses: au cours de stress abiotique et biotique, l'apoptose (la mort cellulaire programmée) et la mitose (Mittler et al. 2011, miller *et al.,* 2010, Foyer et Noctor, 2005). Un système antioxydant basal doit agir en permanence pour pouvoir maintenir le bon fonctionnement cellulaire tout en évitant les effets délétères des ROS. Le système antioxydant est formé soit par les antioxydants enzymatiques et en particulier : superoxyde dismutase (SOD), catalase (CAT), glutathion peroxydase (GPX) et ascorbate peroxydase (APX), soit par les antioxydants non enzymatiques. Ces derniers existent sous deux formes soit endogènes fabriqués à l'intérieur de l'organisme qui sont en particulier le glutathion et l'acide urique, soit exogènes apportés par l'alimentation, généralement contenus dans les graines, fruits et légumes et qui sont en particulier la vitamine E (ou α-tocophérol), la vitamine C et les antioxydants phénoliques (polyphénols, flavonoïdes, etc.).

Dans le but de valoriser l'avoine (*Avena sativa* L.) dans le domaine alimentaire, nous nous sommes intéressés dans le chapitre 1 de la thèse à l'optimisation des conditions d'extraction des enzymes amylolytiques à partir de graines germées et ensuite à l'effet de l'introduction de cet extrait enrichi en amylases d'avoine dans la fabrication du pain (**article 1**). En effet, les conditions les mieux adaptées pour une meilleure production d'amylases ont été dégagées moyennant un plan d'expériences de type Box Behnken à quatre facteurs (rapport poids de graines/volume de tampon, nombre de jours de germination, la température et le pH). L'analyse de la surface aux réponses a montré que les deux premiers facteurs sont les plus significatifs ($p<0,01$) sur l'extraction. Par ailleurs, la caractérisation physico-chimique de l'extrait d'avoine brut montre que l'activité amylolytique est thermoactive à 55°C et elle possède un optimum de pH égal à 5,6. Ces résultats sont prometteurs pour des applications industrielles.

Dans la deuxième partie de ce travail, nous avons opté pour valoriser l'avoine dans le domaine de panification. De ce fait, nous avons incorporé l'extrait d'avoine dans la formulation du pain. Ceci a permis d'améliorer la qualité texturale et organoleptique de ce produit. En augmentant la concentration d'enzyme, (i) le volume du pain a augmenté (ii) leurs croûtes sont devenues plus brunâtres suite à la libération de sucres simples facilement assimilables par les levures. La dureté du pain au niveau de la croûte supérieure a augmenté proportionnellement avec la concentration de l'extrait suite au phénomène de caramélisation et de la réaction de Maillard. Au cours de la conservation, l'extrait d'avoine ralentie la rétrogradation de l'amidon et les échanges d'eau entre la mie et la croûte. Pour comprendre plus profondément l'effet de l'extrait d'avoine sur le réseau glycoprotéique de la farine de blé ainsi que sur la microstructure de la mie du pain, la microscopie confocale à trois dimensions a été étudiée dans ce contexte et a prouvé qu'il y a plus d'alvéoles au niveau d'une structure protéique plus continue et fibreuse de la mie des pains enrichis en activités amylolytiques d'avoine. Ces alvéoles témoignent de la présence de gaz carbonique abondamment dans ces pains suite au phénomène de la fermentation de la levure boulangère, qui a assimilé une grande quantité de sucres simples libérés par les amylases de l'extrait d'avoine par rapport au pain contrôle. Par conséquent, l'observation de la macrostructure du pain est corrélée avec celle microscopique du fait que le volume des pains a augmenté grâce à ces alvéoles qui ont dilaté la pâte en favorisant une structure du pain plus appréciable par les consommateurs.

La bio-informatique a été apparue dans les années 1980 avec les premières banques de données (EMBL et GenBank). Elle constitue une branche nouvelle de la biologie : c'est l'approche *in silico* qui propose des méthodes et des logiciels qui permettent surtout d'explorer l'information génétique stockée dans les bases de données dans le but de prédire et de produire des connaissances nouvelles dans le domaine de la biologie ainsi qu'élaborer de nouveaux concepts. Ainsi, la bioinformatique regroupe un aspect technologique essentiel qui consiste au traitement numérique des informations, avec une approche théorique basée sur les méthodes comparative, statistique et l'approche par modélisation afin d'effectuer la synthèse des données disponibles, d'énoncer des hypothèses généralisatrices et de formuler des prédictions. La spectrométrie de masse en tandem de haute résolution (LC/MS^2) en plus les recherches dans les bases de données permettent l'identification de nouvelle séquence protéique (**article 2**).

En utilisant les techniques protéomiques et génomiques, une séquence de *beta*-amylase a été identifiée pour la première fois dans le génome de l'avoine. Le cadre de lecture ouvert a été estimé à 1464 pb et la protéine correspondante est composée de 488 acides aminés (*AsBAMY*). La masse moléculaire théorique est de 55 kDa. Une similarité de séquences avec les *beta*-amylases des autres céréales comme le blé (*Triticum aestivum*), l'orge (*Hordeum vulgare*), ou bien le seigle (*Secale cereale*) prouve qu'*AsBAMY* est une *beta*-amylase. Deux résidus conservés sont présents dans toutes les séquences alignées. Ils s'agissent d'acides glutamiques (E184) et (E378) qui participent au processus catalytique des *beta*-amylases. En outre, la structure 3D d'*AsBAMY* partage la même forme en tonneau de $(\beta/\alpha)_8$ trouvée dans la majorité des *beta*-amylases des céréales. Le site actif de ces amylases se situe à l'extrémité de ce tonneau. Par conséquent, l'accessibilité aux substrats dans les extrémités non réductrices confirme le résultat qu'*AsBAMY* agit comme une exo-hydrolase.

L'huile d'avoine est riche en antioxydants liposolubles (Peterson, 2001), elle pourrait être très efficace dans le cas de stress oxydant (Ben Slima *et al.*, 2013). En outre, l'exposition à la pollution atmosphérique, aux radiations et aux xénobiotiques présents dans ou à proximité de notre alimentation sont des sources de stress oxydant affectant la fertilité (Tremellen, 2008; Agarwal *et al.*, 2003; Aitken *et al.*, 2006). L'huile d'avoine riche en antioxydants potentiels (vitamine E) pourrait atténuer les effets nocifs des polluants environnementaux. Dans le cadre du chapitre 2 de la thèse (**article 3**), nous nous sommes intéressés à l'étude de l'effet *in vivo* de l'huile d'avoine sur la fertilité masculine causée par la deltaméthrine (DEL). Ce dernier est un pesticide pyréthroïde qui a des effets néfastes sur plusieurs organismes d'une manière non spécifique et en particulier sur la reprotoxicité masculine. L'administration de l'huile d'avoine, riche en antioxydants notamment les tocophérols (vitamine E), a amélioré la fertilité chez des souris mâles qui ont exprimé des dommages des paramètres spermatiques suite au traitement par la DEL. Nous avons choisi de traiter 32 souris mâles par gavage avec une dose de 0,2 ml d'huile d'avoine correspondant à 6 g/kg pc/jour. La dose choisie pour la DEL est de 0,2 ml correspondant à 5 mg/ kg pc/jour ($\approx$ ¼ DL_{50} chez la souris). Nous avons ainsi réparti les souris sur quatre groupes: un premier sert comme groupe contrôle dont les souris n'ont reçu aucun traitement. Le deuxième groupe présente des souris ayant reçu seulement la DEL. Un troisième groupe de souris a reçu simultanément la DEL et l'huile d'avoine. Par contre, le dernier groupe contient des souris ayant reçu seulement l'huile d'avoine. L'exposition à la DEL à la dose de 5 mg / kg de poids corporel / jour a provoqué un stress oxydatif au niveau des testicules causant ainsi (i) une diminution de la mobilité, (ii) une diminution du nombre des spermatozoïdes, (iii) une augmentation d'anomalie morphologique chez les spermatozoïdes et également (iv) une augmentation significative de la peroxydation des lipides (LPP) dans le testicule. Cependant, la co-administration de l'huile d'avoine avec la DEL a amélioré ces dommages probablement sous l'effet de la vitamine E tout en augmentant la densité et la mobilité des spermatozoïdes et en diminuant le pourcentage de leurs anomalies morphologiques.

La consommation alimentaire de viande de vollailles augmente continuellement dans le monde et en particulier en Tunisie (Mallek *et al.*, 2012). Cette augmentation a poussé les chercheurs à s'intéresser à la qualité des aliments composés dans le but d'améliorer les performances zootechniques, la qualité organoleptique et nutritionnelle de la viande blanche des volailles. Le dernier chapitre de ce travail a consisté à incorporer l'avoine (*Avena sativa* L.) dans l'alimentation des poulets de chair et d'étudier les différents paramètres texturaux (masticabilité, élasticité et dureté), zootechniques et nutritionnels de la viande (**article 4**). Les résultats obtenus semblent être très encourageants puisqu'on a pu augmenter la teneur en *omega*-3 et *omega*-9 qui sont parmi les acides gras les plus intéressants pour les consommateurs vue qu'ils sont essentiels au bon fonctionnement de l'organisme (*omega*-3) et ils contribuent également à la prévention contre plusieurs maladies (Chon *et al.*, 2015 ; Wood *et al.*, 2008 ; Pordomingo *et al.*, 2012). La qualité organoleptique et la texture de la viande ont été améliorées par le biais de l'ajout de l'avoine comme additif alimentaire de poulets de chair. En effet, la viande obtenue est devenue plus tendre qui est une qualité recherchée aussi bien par les consommateurs que par les industriels. Par ailleurs, l'ajout des graines d'avoine dans l'aliment de base des poulets de chair permet de mettre en exergue l'influence significativement positive de ces graines dans le secteur des volailles, un tel secteur qui a une place économique très importante dans notre pays.

Conclusion & Perspectives

Conclusion & Perspectives

Ces travaux de thèse ont porté sur la voie de valorisation de l'avoine (*Avena sativa* L.) par plusieurs approches notamment biochimiques, protéomique et génomique dans des applications alimentaires et médicales. Les études ont été menées dans l'objectif de répondre à ces questions (i) comment pouvons-nous exploiter les enzymes majoritaires au cours de la germination de l'avoine (les amylases) dans le domaine alimentaire (panification) vu l'importance des enzymes végétales ? (ii) comment identifier pour la première fois une séquence génomique d'une amylase d'avoine ? (iii) comment pouvons-nous exploiter la richesse de l'avoine en fraction lipidique très particulière par rapport aux autres céréales en la caractérisant surtout d'un point de vue richesse en antioxydants qui pourront avoir des applications pharmacologiques et médicinales ? (iv) la composition entière des graines d'avoine très enrichie en biomolécules à hautes valeurs nutritionnelles (huile, amidon, protéine, fibres, antioxydants, vitamine, minéraux, etc.) pourrait être l'objet d'additifs alimentaires ?

Sans doute, les graines germées peuvent être considérées comme le meilleur réservoir d'enzymes végétales très recherchées par les industriels. La graine mature d'avoine riche en amidon est apte à produire différents types d'enzymes amylolytiques pour dégrader ce substrat au cours de la germination (Kaukovirta-Norja *et al.*, 2004). Des modalités de plans d'expériences sont de temps en temps très utilisées pour optimiser l'extraction d'enzymes amylolytiques dans les graines germées d'avoine. Principalement, le recours à la méthodologie des surfaces de réponses en adoptant un plan d'expériences de type Box Behnken permet d'optimiser l'activité des amylases. Effectivement, nous avons pu ressortir les conditions optimales pour extraire les enzymes amylolytiques des graines germées d'avoine qui sont : un rapport masse des graines/volume du tampon de 0,1 ; un 10ième jour de germination des graines, une température et un pH d'extraction de l'ordre de 20°C et de 5,6, respectivement. La caractérisation physico-chimique de cet extrait a révélé que la température optimale d'activité de cet extrait amylolytique est de 55°C alors que son pH optimal d'activité est de 5,6. Il s'avère que ces conditions sont prometteuses pour des applications alimentaires et en particulier dans la panification. Il est également très probable que la majorité des enzymes présentes dans l'extrait d'avoine soient de type exo-amylases d'après le zymogramme obtenu. D'ailleurs, l'essai de l'incorporation de cet extrait amylolytique a amélioré la qualité du pain quand la concentration en cet extrait est élevée. De ce fait, ces enzymes de types exo-amylases (*beta*-amylase, *alpha*-amylase maltogénique, etc.) sont très recherchées dans la fabrication du pain parce qu'elles hydrolysent l'amidon de blé (constituant majeur de pain) dans les extrémités non réductrices et donc elles n'altèrent pas la qualité de cet amidon. Ces catalyseurs biologiques facilitent la fermentation de la levure boulangère en lui fournissant plus rapidement et d'une manière récurrente plus de sucres simples fermentescibles en tant que substrats facilement assimilables par cette levure. D'ailleurs, les analyses macroscopiques et microscopiques par microscopie confocale ainsi que les analyses de la texture de pains enrichis en extrait d'avoine confirment que ce dernier est un additif alimentaire qui améliore la panification.

Notre étude, par la suite, a apporté également des résultats tout à fait nouveaux concernant l'identification d'une *beta*-amylase parmi les enzymes amylolytiques de l'extrait d'avoine. Pour la première fois, le résultat de séquençage *de novo* par spectrométrie de masse de haute résolution (LC/MS/MS) de la bande protéique majoritaire de cet extrait a permis d'identifier 7 peptides de tailles différentes. La recherche dans les banques de données et en particulier celles d'ESTs (Expressed Sequence Tags) de l'avoine ainsi que la séquence incomplète du génome (draft) de l'avoine (*Avena sativa* L.), a permis d'identifier la séquence génique codante pour une *beta*-amylase d'avoine. Les outils de la génomique sont alors les clefs pour résoudre le problème de l'identification et la caractérisation (par modélisation 3D par exemple) des gènes plus longs voir complets codant pour des molécules d'intérêt.

La caractérisation de la fraction lipidique des graines d'avoine par des techniques de haute performance à savoir HPLC, GC-MS et HPTLC a permis d'avoir une vue globale et plus encourageante sur la richesse en antioxydants liposolubles d'avoine par rapport aux autres travaux publiés. La conclusion de nos résultats dans cette partie vient appuyer l'idée que l'huile d'avoine riche en particulier en vitamine E, en acides gras insaturés et lipides polaires (les phospholipides) pourrait être un agent pharmacologique puissant pour lutter contre les dommages cellulaires causés par les stress oxydants. Le cas du pesticide (deltaméthrine) testé dans notre étude *in vivo* comme polluant environnemental provoque des dommages testiculaires des souris mâles parce qu'il est un stimulus d'un stress oxydant chez ces souris. La co-administration de l'huile d'avoine avec ce pesticide a prévenu ces dommages par une amélioration nette du système reproductible des souris mâles grâce aux effets antioxydants que porte l'huile d'avoine.

Le dernier chapitre de cette thèse a concerné la valorisation des graines d'avoine en tant qu'additif alimentaire pour les poulets de chair. Les résultats obtenus semblent être très encourageants grâce à l'augmentation des teneurs en omega-3 et en omega-9. La qualité

Conclusion & Perspectives

organoleptique et la texture de la viande ont été améliorées par le biais de l'ajout de l'avoine comme additif alimentaire de poulets de chair. L'incorporation de l'avoine dans l'alimentation des volailles pour la première fois en Tunisie permet d'améliorer la qualité nutritionnelle de la viande de poulets avec un meilleur prix d'achat. L'incorporation de l'avoine dans les aliments pour volailles va obéir aux exigences des consommateurs (puisque la qualité du produit sera meilleure) et réduire le prix de production.

Notre étude a montré qu'un investissement dans une usine d'aliments pour volailles pourrait être rentable puisque le coût de production de viandes des poulets de chair sera réduit. En plus, la qualité de la viande après incorporation de l'avoine dans l'aliment de base est améliorée. Le projet s'intéresse à la qualité et au prix des aliments composés dans le but d'améliorer les performances zootechniques des poulets et la qualité à la fois organoleptique et nutritionnelle (protéines, acides gras..) de la viande.

Ces travaux réalisés dans le cadre de cette thèse ont ainsi contribué à montrer que l'exploitation de l'avoine dans le domaine agronomique, médical et alimentaire peut présenter un intérêt économique autant que fondamental.

Ces travaux s'ouvrent sur de nombreuses perspectives d'études pour un approfondissement des connaissances sur l'avoine. Il serait indispensable de continuer le travail sur les enzymes d'avoine en particulier les lipases et les phospholipases. Les outils bio-informatiques pourront toujours être les futures tâches à entreprendre davantage l'identification des enzymes.

D'autres perspectives sont envisageables concernant l'étude quantitative de la fraction lipidique de l'avoine. Quoique l'analyse de HPTLC faite au cours du chapitre 2 de la thèse soit qualitative pour identifier les lipides polaires des graines d'avoine, des approches quantitatives pourraient être importantes pour confirmer la présence de différentes classes de lipides dans l'avoine. Pour cela, l'utilisation d'un densitomètre ou bien la spectrométrie de masse couplée à la HPTLC serait probablement très efficace pour quantifier les lipides d'avoine.

Une autre perspective pour l'étude *in vivo* menée au cours du chapitre 2 concernant l'étude sur les souris femelles pour savoir l'effet préventif de l'huile d'avoine sur les dommages de l'appareil reproductible. Actuellement, nous projetons de créer un projet d'aliments pour volailles basé sur les graines d'avoine.

Références bibliographiques

Références bibliographiques

A

AFNOR. Association Française de Normalisation. Animal feeding stuffs. Determination of calcium content. Atomic absorption spectrometric method. NF V18-108. AFNOR, Paris, 4. (1984).

AFNOR. Association Française de Normalisation. Céréales et produits céréaliers: Détermination de la teneurs en matières grasses totals. NFV03-713. AFNOR, Paris, 39-155. (1986).

Aitken, R.J.; Skakkebaek, N.E.; Roman, S.D. Male reproductive health and the environment. Med. J. Aust. 185, 414-415 (2006).

Agarwall, A.; Said, T.M. Oxidative stress, DNA damage and apoptosis in male infertility: a clinical approach. BJU Int 95, 503-507 (2005).

Agarwal, A.; Saleh, R.A.; Bedaiwy, M.A. Role of reactive oxygen species in the pathophysiology of human reproduction. Fertil. Steril. 79, 829-43 (2003).

Agarwal, S.K.; Tan, F.K.; Arnett, F.C. Genetics and genomic studies in scleroderma (systemic sclerosis). Rheum. Dis. Clin. North Am. 34, 17-40 (2008).

Ahmad, A.; Anjum, F.M.; Zahoor, T.; Nawaz, H.; Ahmed, Z. Extraction and characterization of beta-D-glucan from oat for industrial utilization. Int. J. Biol. Macromol. 46, 304–309 (2010).

Al-Adhroey, A.H.; Nor, Z.M.; Al-Mekhlafi, H.M.; Amran, A.A.; Mahmud, R. Evaluation of the use of Cocos nucifera as antimalarial remedy in Malaysian folk medicine. J. Ethnopharmacol. 134, 988–991 (2011).

Al-Malki, A.L. Oat Attenuation of Hyperglycemia-Induced Retinal Oxidative Stress and NF-κB Activation in Streptozotocin-Induced Diabetic Rats. Evid. Based Complement Alternat. Med. 2013, 983923 (2013).

AOAC. Association of Official Analytical Chemists. Official Methods of Analysis (16 ed). Washington, DC. (1997).

Astiz, M.; Hurtado de Catalfo, G.E.; García M.N.; Galletti S.M.; Errecalde A.L.; de Alaniz M.J.; Marra C.A. Pesticide-induced decrease in rat testicular steroidogenesis is differentially prevented by lipoate and tocopherol. Ecotoxicol. Environ. Saf. 91, 129–138 (2013).

Azizi, M.H.; Rajabzadeh, N.; Riahi, E. Effect of mono-diglyceride and lecithin on dough rheological characteristics and quality of flat bread. Lebensm.-Wiss. Technol. 36, 189-193 (2003).

B

Bailly, C. Active oxygen species and antioxidants in seed biology. Seed Sci. Res. 14, 93-107 (2004).

Ball BA. Oxidative stress, osmotic stress and apoptosis: impacts on sperm function and preservation in the horse. Anim. Reprod. Sci. 107, 257-267 (2008).

Banas, A.; Dexbski, H.; Banas, W.; Heneen, W.K.; Dahlqvist, A.; Bafor, M.; Gummeson, P. O.; Marttila, S.; Ekman, A.; Carlsson, A.S.; Stymne, S. Lipids in grain tissues of oat (*Avena sativa*): differences in content, time of deposition, and fatty acid composition. J. Exp. Botany 58, 2463-2470 (2007).

Baublis, A.; Decker, E.A.; Clydesdale, F.M. Antioxidant effects of aqueous extracts from wheat based ready to eat breakfast cereals. Food Chem. 68, 1-6 (2000).

Baumber, J.; Ball, B.A.; Gravence, C.G.; Medina, V.; Davies-Morel, M.C. The effect of reactive oxygen species on equine sperm motility, viability, acrosomal integrity, mitochondrial membrane potential, and membrane lipid peroxidation. J. Androl. 21, 895-902 (2000).

Ben Hsouna, A.; Ben Halima, N.; Abdelkafi, S.; Hamdi, N. Essential Oil from Artemisia phaeolepis: Chemical Composition and Antimicrobial Activities. J. Oelo Sci. 62, 973-980 (2013).

Ben Slima, A.; Ben Ali, M.; Barkallah, M.; Traore, Al. I.; Boudawara, T.; Allouche, N.; Gdoura, R. Antioxidant properties of *Pelargonium graveolens* L'Her essential oil on the reproductive damage induced by deltamethrin in mice as compared to *alpha*-tocopherol. Lipids Health Dis. 12, 30 (2013).

Bennett, M.D.; Smith, J.B. Nuclear DNA amounts in angiosperms. *Philos. Trans. R. Soc. Lond. B* 274, 227–274 (1976).

Berraaouan, A.; Abderrahim, Z.; Hassane, M.; Abdelkhaleq, L.; Mohammed, A.; Mohamed. B. Evaluation of protective effect of cactus pear seed oil (*Opuntia ficus-indica* L. MILL.) against alloxaninduced diabetes in mice. Asian Pac. J. Trop. Med. 8, 532-537 (2015).

Bewley, J.D.; Bradford, K.J.; Hilhorst, H.W.; Nonogaki, H. Seeds physiology of development, germination and dormancy, 3rd edition. Springer, New York USA. (2013).

Bhatnagar-Mathur, P.; Sunkara, S.; Bhatnagar-Panwar, M.; Waliyar, F.; Sharma, K.K. Biotechnological advances for combating *Aspergillus flavus* and aflatoxin contamination in crops. Plant Sci. 234, 119-132 (2015).

Buell, C.R. Poaceae genomes: going from unattainable to becoming a model clade for comparative plant genomics. Plant Physiol. 149, 111-116 (2009).

Butt, M.S.; Tahir-Nadeem, M.; Khan, M.K.I.; Shabir, R.; Butt, M.S. Oat: unique among the cereals. Eur. J. Nutr. 47, 68–79 (2008).

Buyukgungor, H.; Gurel, L. The role of biotechnology on the treatment of wastes. African J. Biotechnol. 8, 7253-7262 (2009).

C

Cantarel, B.L.; Coutinho, P.M.; Rancurel, C.; Bernard, T.; Lombard, V.; Henrissat, B. The Carbohydrate-Active EnZymes database (CAZy): an expert resource for Glycogenomics. Nucl Acids Res. 37, D233-238 (2009).

CAR /PP : Applications de la biotechnologie dans l'industrie. Centre d'activités régionales pour la production propre (CAR/PP). Plan d'action pour la méditerranée (2003) (http://www.cema-sa.org).

CBD. Convention on Biological Diversity UN. http://www.cbd.int/. United Nations. (1992).

CBD. Convention on Biological Diversity. http://www.cbd.int. (2010).

Chang, H.C.; Huang, C.N.; Yeh, D.M.; Wang, S.J.; Peng, C.H.; Wang, C.J. Oat Prevents Obesity and Abdominal Fat Distribution, and Improves Liver Function in Humans. Plant Foods Hum. Nutr. 68, 18–23 (2013).

Chawade, A.; Sikora, P.; Bräutigam, M.; Larsson, M.; Nakash, M.A.; Chen, T.; Olsson, O. Development and characterization of an oat TILLING-population and identification of mutations in lignin and β-glucan biosynthesis genes. BMC Plant Biol. 10, 86 (2010).

Chawade, A.; Linden, P.; Brautigam, M.; Jonsson, R.; Jonsson, A. Development of a Model System to Identify Differences in Spring and Winter Oat. PLoS ONE 7, e29792 (2012).

Chi, Z.; Chi, Z.; Liu, G.; Wang, F.; Ju, L.; Zhang, T. *Saccharomycopsis fibuligera* and its applications in biotechnology. Biotechnol Adv, 27, 423-431 (2009).

Chon, S.H; Tannahill, R.; Yao, X.; Southall, M.D. Pappas, A. Keratinocyte differenciation and upregulation of ceramide synthesis induced by an oat lipid extract via the activation of PPAR pathways. Exp. Dermatol. 24, 290-295 (2015).

Ciemniewska-Zytkiewicz, H.; Verardo, V.; Pasini, F.; Brys, J.; Koczon, P.; Caboni, M.F. Determination of lipid and phenolic fraction in two hazelnut (*Corylus avellana* L.) cultivars grown in Poland. Food Chem. 168, 615-622 (2015).

COI (Conseil Oléicole international) /T.20/Doc. N° 24. Préparation des esters méthyliques d'acides gras de l'huile d'olive et de l'huile de grignons d'olive. (2001).

Couto, S.R.; Sanromán, M.A. Application of solid-state fermentation to food industry- A review. Food Engin. 76, 291-302 (2006).

D

Daba, T.; Kojima, K.; Inouye, K. Characterization and solvent engineering of wheat β-amylase for enhancing its activity and stability. Enzyme Microbial Technol. 51, 245–251 (2012).

Davies, G.; Henrissat, B. Structures and mechanisms of glycosyl hydrolases. Structure 3, 853-859 (1995).

Davies, G.J.; Wilson, K.S.; Henrissat, B. Nomenclature for sugar-binding subsites in glycosyl hydrolases. Biochem. J. 321, 557-559 (1997).

Dawson, V.; Soames, C. The effect of biotechnology education on Australian high school student's understandings and attitudes about biotechnology processes. Res. Sci. Technol. Education 24, 183-198 (2006).

De la Vega, I.; Requena, J.; Fernandez-Gomez R. The colors of biotechnology in Venezuela: A bibliometric analysis. Technol. Society 42, 123-134 (2015).

De Padua, M.; Fontoura, P.S.G.; Mathias, A.L. Chemical composition of *Ulvaria oxysperma* (kützing) bliding, *Ulva lactuca* (linnaeus) and *Ulva fascita* (Delile). Braz. Arch. Biol. Techn. 47, 49-55 (2004).

Doehlert, D.C.; McMullen, M.S.; Hammond, J.J. Genotypic and environmental effects on grain yield and quality of oat grown in North Dakota. Crop Sci. 41, 1066-1072 (2001).

Dong, J.; Cai, F.; Shen, R.; Liu, Y. Hypoglycaemic effects and inhibitory effect on intestinal disaccharidases of oat *beta*-glucan in streptozotocin-induced diabetic mice. Food Chem. 129, 1066–1071 (2011).

Dowling, D.K.; Simmons, L.W. Reactive oxygen species as universal constraints in life-history evolution, Proc. Biol. Sci. 276, 1737-1745 (2009).

Duba, K.S.; Fiori, L. Supercritical CO_2 extraction of grape seed oil: Effect of process parameters on the extraction kinetics. J. Supercrit. Fluids 98, 33-43 (2015).

Dupéron, J. Les bois fossiles de *Juglandaceae*: inventaire et révision. Rev. Palaeobot. Palynol. 53, 251-282 (1988).

Dynska-Kukulska, K.; Ciesielski, W. Methods of extraction and thin-layer chromatography determination of phospholipids in biological samples. Rev. Anal. Chem. 31, 43-56 (2012).

E

EFB. European Federation of Biotechnology. Environmental Biotechnology. Briefing Paper 4, Second Edition. 1-4 (1999).

El Nour, M.E.M.; Yagoub, S. Partial purification and characterization of α and β-amylases isolated from Sorghum bicolor cv. (Feterita) malt. J. Appl. Sci. 10, 1314–1319 (2010).

Engelmann, F. Intérêt de la cryoconservation des organes végétaux: cas des embryons somatiques de palmier à huile (*Elaeis guineensis* Jacq.). Int. J. Refrig. 13, 26-30 (1990).

Esfahlan, A.J.; Jamei, R.; Esfahlan, R.J. The importance of almond (Prunus amygdalus L.) and its by-products. Food Chem. 120, 349-360 (2010).

Eskenazi, B.; Kidd, S.A.; Marks, A.R.; Sloter, E.; Block, G.; Wyrobek, A.J. Antioxidant intake is associated with semen quality in healthy men. Hum. Reprod. 20, 1006-1012 (2005).

Ettre, L.S. Chapters in the evolution of chromatography. 1st ed. London: Imperial College Press (2008).

F

FAO. Food and Agriculture Organization of the United Nations. Codex Alimentarius Ad Hoc Intergovernmental Task Force on Foods Derived from Biotechnology. Japan. (2000).

FAOSTAT. Food and Agriculture Organization of the United Nations. (http://faostat3.fao.org) (2015).

FAOSTAT. Food and Agriculture Organization of the United Nations. (http://faostat.fao.org) (2014).

Fendri, I.; Ben Saad, R.; Khemakhem, B.; Ben Halima, N.; Gdoura, R.; Abdelkafi, S. Effect of treated and untreated domestic wastewater on seed germination, seedling growth and amylase and lipase activities in Avena sativa L. J Sci Food Agric., 93,1568-1574 (2013).

Flander, L.; Salmenkallio-Marttila, M.; Suortti, T.; Autio, K. Optimization of ingredients and baking process for improved wholemeal oat bread quality. LWT - Food Sci Technol 40, 860-870 (2007).

Folch, J.; Lees, M.; Stanley, G.H.S. A simple method for the isolation and purification of total lipides from animal tissues. J. Biol. Chem. 226, 497-509 (1957).

Foyer, C.H.; Noctor, G. Oxidant and antioxidant signalling in plants: a re-evaluation of the concept of oxidative stress in a physiological context. *Plant Cell Env.* 28, 1056-1071 (2005).

Frey, K.J.; Holland, J.B. Nine cycles of recurrent selection for increased grain-oil content in oat. Crop Sci. 39, 1636–1641 (1999).

Fuchs, B.; Suss, R.; Teuber, K.; Eibisch, M.; Schiller, J. Lipid analysis by thin-layer chromatography e a review of the current state. J. Chromatogr. A 1218, 2754-2774 (2011).

G

Gana, J.A.; Kalengamaliro, N.E.; Cunningham, S.M.; Volenec, J.J. Expression of β-amylase from alfalfa taproots, Plant Physiol. 118, 1495-1506 (1998).

Gill, S.S.; Tuteja, N. Reactive oxygen species and antioxidant machinery in abiotic stress tolerance in crop plants, Plant Physiol. Biochem. 48, 909-930 (2010).

GIPAC (Groupement Interprofessionnel des Produits Avicoles et Cunicoles). http://www.gipaweb.com.tn (2013).

Goesaert, H.; Slade, L.; Levine, H.; Delcour, J.A., Amylases and bread firming-an integrated view. J. Cereal Sci. 50, 345-352 (2009).

Gomez-Andre, S.A.; Deschildre, A.; Bienvenu, F.; Just, J. Un allergène émergent : le soja. Rev. Fran. d'allergologie 52, 448-453 (2012).

GrassWorld. (http://grassworld.myspecies.info) (2012).

Greco, E.; Scarselli, F.; Iacobelli, M.; Rienzi, L.; Ubaldi, F.; Ferrero, S.; Franco, G.; Anniballo, N.; Mendoza, C.; Tesarik, J. Efficient treatment of infertility due to sperm DNA damage by ICSI with testicular spermatozoa. *Hum. Reprod.* **20**, 226–230 **(2005)**.

Gröger, H.; Hummel, W. Combining the 'two worlds' of chemocatalysis and biocatalysis towards multi-step one-pot processes in aqueous media. Curr. Opin. Chem. Biol. 19, 171-179 (2014).

Guéant, J.L.; Moutété, F.; Olszewski, A.; Pons, L.; Gastin, I.; Moneret-Vautrin, D.A. Allergie à l'arachide et à l'huile d'arachide. Rev. fr. Allergol. 35, 312-319 (1995).

Guimaraes, B.G.; Souchon, H.; Lytle, B.L.; et al., The crystal structure and catalytic mechanism of cellobiohydrolase cels, the major enzymatic component of the Clostridium thermocellum cellulosome. J. Mol. Biol. 320, 587-596 (2002).

Gupta, S.D. Reactive Oxygen Species and Antioxidants in Higher Plant. CRC Press, New York, pp. 1-189 (2011).

Gupta, R.; Gigras, P.; Mohapatra, H.; et al., Microbial α-amylases: a biotechnological perspectives. Process Biochem. 38, 1599-1616 (2003).

H

Hamer, R. Enzymes in the baking industry in Tucker GA,Woods LFJ editors. BlackAcademic and Professional, Galsgow (1995).

Hammami, I.; Allagui, M.B.; Chakroun, M; El-Gazzeh, M. Agronomic Characterization of Tunisian Spontaneous Oat Accessions Resistant to Oat Crown Rust and Potential in Plant Breeding. Tun. J. Plant Protec. 3, 1-9 (2008).

Handloser, D.; Widmer, V.; Reich, E. Separation of phospholipids by HPTLC e an investigation of important parameters. J. Liq. Chromatogr. Relat. Technol. 31, 1857-1870 (2008).

Hansen, H.S.; Jensen, B. Essential function of linoleic acid esterified in acylglucosylceramide and acylceramide in maintaining the epidermal water permeability barrier. Evidence from feeding studies with oleate, linoleate, arachidonate, columbinate and alpha-linolenate. Biochim. Biophys. Acta. 834, 357-363 (1985).

Hashida, M.; Bisgaard-Frantzen, H. Protein engineering of new industrial amylases. Trends Glycosc. Glycotechnol. 12, 389–401 (2000).

Heneen, W.K.; Banas, A.; Leonova, S.; Carlsson, A.S.; Marttila, S.; Debski, H.; Stymne, S. The distribution of oil in the oat grain. Plant Signal. Behav. 4, 55-56 (2009).

Henrissat, B. A classification of glycosyl hydrolases based on amino acid sequence similarity. Biochem. J. 280, 309-316 (1991).

Heux, S.; Meynial-Salles, I.; O'Donohue, M.J.; Dumon C. White biotechnology: state of the art strategies for the development of biocatalysts for biorefining. Biotechnol. Advances (2015), doi: 10.1016/j.biotechadv.2015.08.004.

Higashihara, M.; Okada, S. Studies on β-amylase of *Bacillus megaterium* Strain No. 32. Agric. Biol. Chem. 38, 1023–1029 (1974).

Hmidet, N.; Ali, N.; Haddar, A.; Kanoun, S.; Kanoun-Alya, S. Alkaline proteases and thermostable α-amylase co-produced by *Bacillus licheniformis* NH1: Characterization and potential application as detergent additive. Biochem. Eng. J. 47, 71-79 (2009).

I

Islam, M.R.; Xue, X.; Mao, S.; Ren, C.; Eneji, A.E.; Hu, Y. Effects of water-saving superabsorbent polymer on antioxidant enzyme activities and lipid peroxidation in oat (*Avena sativa* L.) under drought stress. J. Sci. Food Agric. 91, 680-686 (2011).

ITAVI (Institut Technique de l'AVIculture) : Situation de la production et des marchés avicoles. http://www.itavi.asso.fr (2013).

J

Jacoby, R.P.; Li, L.; Huang, S.; Lee, C.P.; Millar, A.H.; Taylor, N.L. Mitochondrial composition, function and stress response in plants. J. Integr. Plant Biol. 54, 887-906 (2012).

Jahurul, M.H.A.; Zaidul, I.S.M.; Norulaini, N.A.N.; Sahena, F.; Jinap, S.; Azmir, J.; Sharif, K.M.; Mohd Omar, A.K. Cocoa butter fats and possibilities of substitution in food products concerning cocoa varieties, alternative sources, extraction methods, composition, and characteristics. J. Food Eng. 117, 467-476 (2013).

K

Kaukovirta-Norja, A.; Wilhelmson, A.; Poutanen, K. Germination: a means to improve the functionality of oat. Agric. Food Sci. 13, 100-112 (2004).

Kaimainen, M.; Ahvenainen, S.; Kaariste, M.; Jarvenpaa, E.; Kaasalainen, M.; Salomaki, M.; Salonen, J.; Huopalahti, R. Polar lipid fraction from oat (*Avena sativa*): characterization and use as an o/w emulsifier. Eur. Food Res. Technol. 235, 507-515 (2012).

Kalbasi-Ashtari, A.; Hammond, E.G. Oat oil: refining and stability. J Am Oil Chem Soc. 54, 358-362 (1977).

Kellogg, E.A. Relationships of cereal crops and other grasses. Proc. Natl. Acad. Sci. USA 95, 2005-2010 (1998).

Khemakhem, B.; Fendri, I.; Dahech, I.; Belghuith, K.; Kammoun, R.; Mejdoub, H. Purification and characterization of a maltogenic amylase from Fenugreek (*Trigonella foenum graecum*) seeds using the Box Benkhen Design (BBD). Ind. Crop. Prod. 43, 334-339 (2013).

Kolawole, A.O.; Ajele, J.O.; Sirdeshmukh, R. Purification and characterization of alkaline-stable β-amylase in malted African finger millet (*Eleusine coracana*) seed. Process Biochem. 46, 2178-2186 (2011).

Koshland, D.E. Stereochemistry and the mecanism of enzymatic reactions. Biol. Rev.Camb. Philos. Soc. 28, 416-436 (1953).

Kranner, I.; Birtic, S. A modulating role for antioxidants in desiccation tolerance. Integ. Comp. Biolo. 45, 734-740 (2005).

Kurtz, E.S.; Wallo, W. Colloidal oatmeal: history, chemistry and clinical properties. J. Drugs Dermatol. 6, 167-170 (2007).

Kvist, U.; Björndahl, L. Manual on basic semen analysis. ESHRE Mono-graphs 2. Oxford: Oxford University Press. (2002).

L

Lacombe, S.; Kaan, F.; Léger, S.; Bervillé A. An oleate desaturase and a suppressor loci direct high oleic acid content of sunflower (*Helianthus annuus* L.) oil in the Pervenets mutant. C.R. Acad. Sci. Paris, Sciences de la vie / Life Sciences 324, 839-845 (2001).

Laemmli, U.K. Cleavage of structural proteins during the assembly of the head of bacteriophage T4, Nature. 227, 680-685 (1970).

Larreta-Garde, V. ln Enzymes en agroalimentaire (Multon, J. L. ed.), Collection Sciences et techniques agroalimentaires, Londres, Paris, New York pp. 4-12 (1997).

Lásztity, R. Oat grain – a wonderful reservoir of natural nutrients and biologically active substances. Food Rev. Int. 14, 99-119 (1998).

Leng, E.R. Predicted and actual responces during long-term selection for chemical composition in maize. Euphytica. 10, 368-378 (1961).

Leonova, S.; Shelenga, T.; Hamberg, M.; Konarev, AV.; Loskutov, I.; Carlsson, AS. Analysis of Oil Composition in Cultivars and WildSpecies of Oat (*Avena* sp.). J. Agric. Food Chem. 56, 7983-7991 (2008).

Lepage, M. Identification and composition of turnip root lipids. Lipids 2, 244-250 (1967).

Li, D.C. Review of fungal chitinases. Mycopathologia 161, 345-360 (2006).

Liu, S.; Yang, N.; Hou, Z.H.; Yao, Y.; Lü, I.; Zhou, X.R.; Ren, G.X. Antioxidant Effects of Oats Avenanthramides on Human Serum. Agric. Sci. Chin. 10, 1301-1305 (2011).

Lombard, V.; Golaconda Ramulu, H.; Drula, E.; Coutinho, P.M.; Henrissat, B. The carbohydrate-active enzymes database (CAZy) in 2013. Nucleic Acids Res. 42, D490-D495 (2014).

Lowry, O.H.; Rosebrough, N.J., Farr, A.L.; Randall, R.J. Protein measurement with Folin phenol reagent. J. Biol. Chem. 193, 265-270 (1951).

M

Ma, Y.F.; Evans, D.E.; Logue, S.J.; Langridge, P. Mutations of barley β-amylase that improve substrate-binding affinity and thermostability. Mol. Genet. Genomics. 266, 345-352 (2001).

Mallek, Z.; Fendri, I.; Khannous, L.; Ben Hassena, A.; Traore, A.I.; Ayadi, M.A.; Gdoura, R. Effect of zeolite (clinoptilolite) as feed additive in Tunisian broilers on the total flora, meat texture and the production of omega 3 polyunsaturated fatty acid. Lipids Health Dis. 11, 35 (2012).

Mangold, H.K. Thin-layer chromatography of lipids. J. Am. Oil Chem. Soc. 38, 708-727 (1961).

Martinez, M.F.; Arelovich, H.M.; Wehrhahne, L.N. Grain yield, nutrient content and lipid profile of oat genotypes grown in a semiarid environment. Field Crops Res. 116, 92-100 (2010).

Mathieu, D.; Nony, J.; Phan-Tan-Luu, R. NEMROD-W software. LPRAI, Marseille. (2000).

Miller, A.A.; Drummond, G.R.; Sobey, C.G. Reactive oxygen species in the cerebral circulation: are they all bad? Antioxid. Redox. Signal 8, 1113-1120 (2006).

Miller, G.L. Use of dinitrosalicylic acid reagent for determination of reducing sugars. Anal. Chem. 3, 426-428 (1959).

Miller, G.; Suzuki, N.; Ciftci-Yilmaz, S.; Mittler, R. Reactive oxygen species homeostasis and signaling during drought and salinity stresses. Plant Cell Env. 33, 453-467 (2010).

Mittler, R. Oxidative stress, antioxidants and stress tolerance, Trends Plant Sci. 7, 405-410 (2002).

Mittler, R.; Vanderauwera, S.; Suzuki, N.; Miller, G.; Tognetti, V.B.; Vandepoele, K.; Gollery, M.; Shulaev, V.; Van Breusegem, F. ROS signaling: the new wave? Trends Plant Sci. 16, 300-309 (2011).

Mitidieri, S.; Martinelli, A.H.S.; Schrank, A.; Vainstein, M.H. Enzymatic detergent formulation containing amylase from Aspergillus niger: a comparative study with commercial detergent formulations. Biores. Technol. 97, 1217-1224 (2006).

Mohammadzedeh, M.; Fattahi, R.; Zamani, Z.; Khadivi-Khub, A. Genetic identity and relationships of hazelnut (*Corylus avellana* L.) landraces as revealed by morphological characteristics and molecular markers. Scientia Horticulturae 167 17-26 (2014).

Montealegre, C.; Verardo, V.; Gomez-Caravaca, A.M.; García-Ruiz, C.; Marina, M.L.; Caboni, M.F. Molecular Characterization of Phospholipids by High-Performance Liquid Chromatography Combined with an Evaporative Light Scattering Detector, High-Performance Liquid Chromatography Combined with Mass Spectrometry, and Gas Chromatography Combined with a Flame Ionization Detector in Different Oat Varieties. J. Agric. Food Chem. 60, 10963-10969 (2012).

Monteiro de Souza, P.; De Oliveira e Magalhães, P. Application of microbial α-amylase in industry- A review. Brazilian J. Microbiol. 41, 850-861 (2010).

Moraes, L.M.P.; Filho, S.A.; Ulhoa, C.J. Purification and some properties of an α-amylase glucoamylase fusion protein from *Saccharomyces cerevisiae*. World J. Microbiol. Biotechnol. 15, 561-564 (1999).

Morgan, K.R.; Gerrard, J.A.; Every, D.; et al. Staling in starch breads: the effect of anti-staling bread *alpha*-amylases. Starch 49, 54-59 (1997).

Moshelion, M.; Altman, A. Current challenges and future perspectives of plant and agricultural biotechnology. Trends Biotechnol. 33, 337-342 (2015).

Munné-Bosch, S.; Falk, J. New insights into the function of tocopherols in plants. Planta 218, 323-326 (2004).

Muralikrishna, G.; Nirmala, M. Cereal α-amylases: an overview. Carbohydrate Polymers 60, 163–173 (2005).

Murao, S.; Ohyama, K.; Arai, M. β-Amylase from Bacillus polymyxa No. 72. Agric. Biol. Chem. 43, 719–726 (1979).

N

Nanmori, T. Bacterial β-amylases (*B. cereus. B. polvmyxa*, etc.). In: The Amylase Research Society of Japan, ed. Handbook of Amvlases and Related Enzymes. Oxford: Pergamon Press. p. 94-99 (1988).

Nardello-Rataj, V., Taï, L.H.T.; Aubry, J.M. Les lessives en poudre : Un siècle d'innovations pour éliminer les taches = Powder detergents. A century of innovations to remove stains. L'Actualité chimique, 3, 3-10 (2003).

Nebus, J.; Nystrand, G.; Fowler, J.; Wallo, W. A daily oat-based skin care regimen for atopic skin, DERMATITIS, ATOPIC P1301, J. Am. Acad. Dermatol. AB67 (2009).

Nesi, N.; Delourme, R.; Brégeon, M.; Falentin, C.; Renard M. Genetic and molecular approaches to improve nutritional value of *Brassica napus* L. seed. C. R. Biologies 331, 763–771 (2008).

Nguyen, Q.D.; Rezessy-Szabó, J.M.; Claeyssens, M.; Stals, I.; Hoschke, Á. Purification and characterisation of amylolytic enzymes from thermophilic fungus *Thermomyces lanuginosus* strain ATCC 34626. Enz. Microbial Technol. 31, 345-352 (2002).

Noman, A.S.M.; Hoque, M.A.; Sen, P.K.; Karim, M.R. Purification and some properties of α-amylase from post-harvest *Pachyrhizus erosus* L. tuber. Food Chem. 99, 444-449 (2006).

O

OECD. The Organisation for Economic Co-operation and Development. A framework for biotechnology statistics. Paris. (2005).

OECD/FAO. Perspectives agricoles de l'OECD et de la FAO, Éditions OECD. http://dx.doi.org/10.1787/agr_outlook-2014-fr (2014).

Oomah, B.D. Flaxseed as a functional food source. J. Sci. Food Agric. 81, 889-894 (2001).

Öner, E.T. Optimization of ethanol production from starch by an amylolytic nuclear petite *Saccharomyces cerevisiae* strain. Yeast 23, 849–856 (2006).

P

Penninga, D.; Strokopytov, B.; Rozeboom, H.J.; Lawson, C.L.; Dijkstra, B.W.; Bergsma, J.; Dijkhuizen, L. Site-directed mutations in tyrosine 195 of cyclodextrin glycosyltransferase from Bacillus circulans strain 251 affect activity and product specificity. Biochem. 34, 336-3376 (1995).

Peterson, D.M. Oat: A multifunctional grain. In: Proceedings of the 7th International Oat Conference, P. Peltonen-Sainio, M. Topi-Hulmi (Eds.), Jokioinen: MTT Agrifood Research Finland, Agrifood Research Reports 51, Helsinki, Finland, pp.21-25 (2004).

Peterson, D.M. Oat Antioxidants. J. Cereal Sci. 33, 115-129 (2001).

Peterson, D.M.; Qureshi, A.A. Genotype and environmental effects on tocols of barley and oats. *Cereal Chem.* 70, 157–162 (1993).

Peterson, D.M.; Wood, D.F. Composition and Structure of High-Oil Oat. J. Cereal Sci. 26, 121-128 (1997).

Pordomingo, A.J.; García, T.P.; Volpi Lagreca, G. Effect of feeding treatment during the backgrounding phase of beef production from pasture on: II. Longissimus muscle proximate composition, cholesterol and fatty acids. Meat Sci. 90, 947-955 (2012).

Price, P.B.; Parsons, J. Distribution of lipids in embryonic axis, bran-endosperm, and hull fractions of hulless barley and hulless oat grain. J. Agric. Food Chem. 27, 813-815 (1979).

Psomiadou, E.; Tsimidou, M.; Boskou, D. α-tocopherol content of Greek virgin olive oils. J. Agric. Food Chem. 48, 1770-1775 (2000).

Pujadas, G.; Ramirez, F.M.; Valero, R.; Palau, J. Evolution of β-amylase: Patterns of variation and conservation in subfamily sequences in relation to parsimony mechanisms, Proteins Struct. Funct. Genet. 25, 456-472 (1996).

R

Rajagopalan, G., Krishnan, C. Alpha-amylase production from catabolite derepressed Bacillus subtilis KCC103 utilizing sugarcane bagasse hydrolysate. Bioresour Technol. 99, 3044-3050 (2008).

Rao, M.A.; Scelza, R.; Acevedo, F.; Diez, M.C.; Gianfreda, L. Enzymes as useful tools for environmental purposes. Chemosphere 107, 145-162 (2014).

Rao, M.B., Tanksale, A.M., Ghatge, M.S.; Deshpande, V.V. Molecular and biotechnological aspects of microbial proteases. Microbiology and Molecular Biology Reviews, vol. 62, no. 3, p. 597-635 (1998).

Reddy, N.S.; Nimmagadda, A.; Sambasiva Rao, K.R.S. An overview of the microbial alpha-amylase family. Afr. J. Biotechnol. 2, 645-648 (2003).

Reetz, MT. Biocatalysis in organic chemistry and biotechnology: past, present, and future. J. Am. Chem. Soc. 135, 12480-12496 (2013).

Rezig, L.; Chouaibi, M.; Msaada, K.; Hamdi, S. Chemical composition and profile characterisation of pumpkin (*Cucurbita maxima*) seed oil. Indus. Crops Prod. 37, 82-87 (2012).

Robyt, J.; French, D. Purification and action pattern of an amylase from Bacillus polymyxa. Arch. Biochem. Bioph. 104, 338–342 (1964).

S

Sagu, S.T.; Nso, E.J.; Homann, T.; Kapseu, C.; Rawel, H.M. Extraction and purification of *beta*-amylase from stems of *Abrus precatorius* by three phase partitioning. Food chem. 183, 144-153 (2015).

Sanchez, J. Lipid photosynthesis in olive fruit. Prog. Lipid Res. 33, 97-104 (1994).

SANOFI, W. Notices du medicament (maxilase) 94258 genilly cedex france fabricant Sanofi Winthrop industrie ambares 33. France (1996).

Sayler, G.S.; Sanseverino, J.; Davis, K.L. Biotechnology in the Sustainable Environment. New York (États-Unis): Plenum Press (1997).

Särkijärvi, S.; Saastamoinen, M. Feeding value of various processed oat grains in equine diets. Livestock Sci. 100, 3-9 (2006).

Schrittwieser, J.H.; Resch, V. The role of biocatalysis in the asymmetric synthesis of alkaloids. RSC. Adv. 3, 17602-17632 (2013).

Sharopova, N.R.; Portyanko, V.A.; Sozinov, A.A. Genetics of α-Amylases in Hexaploid Oat Species. Biochem. Genetics. 36, 171–182 (1998).

Shen, G.J.; Saha, B.C.; Bhatnagar, Y.E.; Zeikus, J. Purification and characterization of a novel thermostable β-amylase from *Clostridium thermosulphurogenes*. Biochem. J. 254, 835–840 (1988).

Shim, Y.Y.; Gui, B.; Arnison, P.G.; Wang, Y.; Reaney, M.J.T. Flaxseed (*Linum usitatissimum* L.) bioactive compounds and peptide nomenclature: A review. Trends Food Sci. Technol. 38, 5-20 (2014).

Shinke, R.; Kunimi, Y.; Nishira, H. Production and some properties of β-amylases of *Bacillus* sp. BQ 10. J. Ferment. Technol. 53, 693–697 (1975).

Sies, H. Role of reactive oxygen species in biological processes. Klin. Wochenschr. 69, 965-968 (1991).

Silva, S.I.; Oliveira, A.F.M.; Negri, G.; Salatino, A. Seed oils of *Euphorbiaceae* from the Caatinga, a Brazilian tropical dry forest. Biomass Bioen. 69, 124-134 (2014).

Smirnoff, N. The role of active oxygen in the response of plants to water deficit and desiccation. New Phyto. 125, 27-58 (1993).

Smith, P.K.; Krohn, R.J.; Hermanson, G.T.; Mallia, A.K.; Gartner, F.H.; Provenzano, M.D.; Fujimoto, E.K.; Goete, N.M.; Olson, B.J.; Klenk, D.C. Measurement of protein using bicinchoninic acid. Anal. Biochemi. 150, 76–85 (1988).

Sørensen, H.P.; Madsen, L.S.; Petersen, J.; Andersen, J.T.; Hansen, A.M.; Beck, H.C. Oat (*Avena sativa*) Seed Extract as an Antifungal Food Preservative Through the Catalytic Activity of a Highly Abundant Class I Chitinase, Appl. Biochem. Biotechnol. 160, 1573–1584 (2010).

Southall, M.; Pappas, A.; Nystrand, G.; Nebus, J. Oat Oil Improves the Skin Barrier, Johnson & Johnson Consumer Companies, Inc. (2012).

Summer, J.B.; Sommers, G.F. Laboratory Experiments in Biological Chemistry. Academic Press New York. (1944).

Sur, R.; Nigam, A.; Grote, D.; Liebel, F.; Southall, M.D. Avenanthramides, polyphenols from oats, exhibit anti-inflammatory and anti-itch activity. Arch. Dermatol. Res. 300, 569-574 (2008).

T

Taamalli, A.; Arráez-Román, D.; Barrajón-Catalán, E.; Ruiz-Torres, V.; Pérez-Sánchez, A.; Herrero, M.; Ibañez, E.; Micol, V.; Zarrouk, M.; Segura-Carretero, A.; Fernández- Gutiérrez, A. Use of advanced techniques for the extraction of phenolic compounds from Tunisian olive leaves: Phenolic composition and cytotoxicity against human. Food Chem. Toxicol. 50, 1817-1825 (2012).

Takasaki, Y. Purification and enzymatic properties of β-amylase pullulanase from *Bacillus cereus* var. *mycoides*. Agric. Biol. Chem. 40, 1523–1530 (1976).

Teixeira, C.B.; Madeira Junior, J.V.; Macedo, G.A. Biocatalysis combined with physical technologies for development of a green biodiesel process. Renew. Sust. Energ. Rev. 33, 333-343 (2014).

Thomas, M.; Priest, G.; Stark, J.R. Characterization of an extracellular β-amylase from *Bacillus megaterium sensu stricto*. J. General Microbiol. 118, 67–72 (1980).

Thomasset, B.; Chopplet, M. Introduction et expression de nouvelles activités enzymatiques chez les végétaux. In, Enzymes dans l'agroalimentaire (Multon, J. L. ed.) pp. 349-374. Collection Sciences et Techniques Agroalimentaires, Londres, Paris, New York (1997).

Touchstone, J.C. Thin-layer chromatographic procedures for lipid separation. J. Chromatogr. B 671, 169-195 (1995).

Tremellen, K. Oxidative stress and male infertility--a clinical perspective. Hum. Reprod. Update. 14, 243-58 (2008).

Tsutsui, H.; Kinugawa, S.; Matsushima, S. Mitochondrial oxidative stress and dysfunction in myocardial remodelling. Cardiovasc. Res. 81, 449-456 (2009).

U

Uno-Okamura, K.; Soga, K.; Wakabayashi, K.; Kamisaka, S.; Hoson, T. Purification and properties of apoplastic amylase from oat (*Avena sativa*) seedlings. Physiologia Plantarum 121, 117–123 (2004).

Usak, M.; Erdogan, M.; Prokop, P.; Ozel, M. High school and university students' knowledge and attitudes regarding biotechnology. Biochem. Mol. Biol. Education 37, 123-130 (2009).

USDA. Nutrient Database – Release 25, http:// ndb. nal.usda.gov. (2003).

V

Valko, M.; Leibfritz, D.; Moncol, J.; Cronin, M. T.; Mazur, M.; Telser, J. Free radicals and antioxidants in normal physiological functions and human disease. Int. J. Biochem. Cell Biol. 39, 44-84 (2007).

Van Damme, E.J.M.; Hu, J.; Barre, A.; Hause, B.; Baggerman, G.; Rougé, P.; Peumans, W.J. Purification, characterization, immunolocalization and structural analysis of the abundant cytoplasmic β-amylase from *Calystegia sepium* (hedge bindweed) rhizomes, Eur. J. Biochem. 268, 6263–6273 (2001).

Van der Maarel, M.J.E.C.; Van der Veen, B.; Uitdehaag, J.C.M.; Leemhuis, H.; Dijkhuizen, L. Properties and applications of starch-converting enzymes of the α-amylase family. J. Biotechnol. 94, 137–155 (2002).

Vasconcelos Franco, J.S.; Chaveiro, A.; Góis, A.; Da Silva, F.M. Effects of α-tocopherol and Ascorbic Acid on Equine Semen Quality after Cryopreservation. J. Equine Veter. Sci. 1-7 (2013).

Verma, A.; Kanwar, K.C. Effect of vitamin E on human sperm motility and lipid peroxidation in vitro. Asian. J. Androl. 1, 151-154 (1999).

Villadsen, J. Innovative technology to meet the demands of the white biotechnology revolution of chemical production. Chem. Eng. Sci. 62, 6957-6968 (2007).

W

Wdowiak, A.; Wdowiak, A. Comparing antioxidant enzyme levels in follicular fluid in ICSI-treated patients. Gynécol. Obstétrique & Fertilité 43, 515–521 (2015).

Wells, A.; Meyer, H.P. Biocatalysis as a strategic green technology for the chemical industry. Chem. Cat. Chem. 6, 918-920 (2014).

Welsh, R.W. The chemical composition of oats. In: Welsh RW (Ed.), The oat crop, London: Chapman & Hall, 279-320 (1995).

WHO (World Health Organization). Laboratory Manual for the Examination of Human Semen and Sperm-cervical Mucus Interaction. 4th edition. Cambridge: Cambridge University Press. (1999).

Wind, R.D.; Buitelaar, R.M.; Dijkhuizen, L. Engineering of factors determining alpha-amylase and cyclodextrin glycosyltransferase specificity in the cyclodextrin glycosyltransferase from Thermoanaerobacterium thermosulfurigenes EM1. Eu. J. Biochem. 253, 598-605 (1998).

Wink, M. Plant breeding: Importance of plant secondary metabolites (natural products) biosynthetized. Theor. Appl. Genet. 75, 225-233 (1988).

Wood, J.D.; Enser, M.; Fisher, A.V.; Nute, G.R.; Sheard, P.R.; Richardson, R.I.; Hughes, S.I.; Whittington, F.M. Fat deposition, fatty acid composition and meat quality: A review. Meat Sci. 78, 343–358 (2008).

Wu, J.H.; Wang, W.Q.; Song, S.Q.; Cheng, H.Y. Reactive oxygen species scavenging enzymes and down-adjustment of metabolism level in mitochondria associated with desiccation-tolerance acquisition of maize embryo. J. Integr. Plant Biol. 51, 638-645 (2009).

Wyrobek, A.J.; Bruce, W.R. Chemical induction of sperm abnormalities in mice. Proc. Nat. Acad. Sci. USA. 72, 4425-4429 (1975).

Y

Yada, S.; Lapsley, K.; Huang, G.W. A review of composition studies of cultivated almonds: macronutrients and micronutrients. J. Food Chem. Anal. 24, 469-480 (2011).

Yamashiro, K.; Yokobori, S.I.; Koikeda, S.; Yamagishi, A. Improvement of Bacillus circulans β-amylase activity attained using the ancestral mutation method. Protein Eng. Design. Select. 23, 519–528 (2010).

Yang, C.Y.; Fang, Z.; Li, B.; Long, Y.F. Review and prospects of Jatropha biodiesel industry in China. Renew. Sust. Energ. Rev. 16, 2178-2190 (2012).

Yao, N.; Jannink, J.L.; White, P.J. Molecular Weight Distribution of (1→3)(1→4)-β-Glucan Affects Pasting Properties of Flour from Oat Lines with High and Typical Amounts of β-Glucan. Cereal Chem. 84, 471–479 (2007).

Yeung, T.; Ozdamar, B.; Paroutis, P.; Grinstein, S. Lipid metabolism and dynamics during phagocytosis. Curr. Opin. Cell Biol. 18, 429-437 (2006).

Youngs, V.L. Oat lipids. Cereal Chem. 55, 591-597 (1978).

Youngs, V.L.; Püskülcü, M.; Smith, R.R. Oat lipids I. Composition and distribution of lipid components in two oat cultivars. Cereal Chem. 54, 803-812 (1977).

Z

Zhou, M.X.; GlennieHolmesl, M.; Robards, K.; Helliwell, S. Fatty Acid Composition of Lipids of Australian Oats. J. Cereal Sci. 28, 311-319 (1998).

Ziegler, P. Cereal *Beta*-Amylases, J. Cereal Sci. 29, 195–204 (1999).

Annexe

Annexe

L'avoine cultivée (*Avena sativa* L.) : valorisation de son huile et de ses composés nutritionnels pour d'éventuelles applications industrielles

(Article de revue)

Oat (*Avena sativa* L.): Oil and nutriment compounds valorization for potential use in industrial applications.

Nihed Ben Halima, Rania Ben Saad, Bassem Khemakhem, Imen Fendri, Slim Abdelkafi.

Journal of Oleo Science 64 (2015) 915-932 (doi : 10.5650/jos.ess15074).

I want morebooks!

Buy your books fast and straightforward online - at one of the world's fastest growing online book stores! Environmentally sound due to Print-on-Demand technologies.

Buy your books online at
www.get-morebooks.com

Achetez vos livres en ligne, vite et bien, sur l'une des librairies en ligne les plus performantes au monde!
En protégeant nos ressources et notre environnement grâce à l'impression à la demande.

La librairie en ligne pour acheter plus vite
www.morebooks.fr

SIA OmniScriptum Publishing
Brivibas gatve 1 97
LV-103 9 Riga, Latvia
Telefax: +371 68620455

info@omniscriptum.com
www.omniscriptum.com

Printed by Books on Demand GmbH, Norderstedt / Germany